知识生产的原创基地
BASE FOR ORIGINAL CREATIVE CONTENT

颉腾文化
JIE TENG CULTURE

元气复活

自愈的神奇速效法

[瑞典]
亨利 · 费克斯
Henrik Fexeus
凯瑟琳娜 · 恩布拉德
Catharina Enblad
著
唐欣 译

Reload
så blir du återhämtningssmart

中国广播影视出版社

图书在版编目（CIP）数据

元气复活：自愈的神奇速效法 / (瑞典) 亨利·费克斯, (瑞典) 凯瑟琳娜·恩布拉德著；唐欣译. -- 北京：中国广播影视出版社, 2022.1
ISBN 978-7-5043-8706-6

Ⅰ. ①元… Ⅱ. ①亨… ②凯… ③唐… Ⅲ. ①心理压力—心理调节—通俗读物 Ⅳ. ①B842.6-49

中国版本图书馆CIP数据核字(2021)第202868号

Title: RELOAD: THE ART OF SMART RECOVERY
by Henrik Fexeus and Catharina Enblad

北京市版权局著作权合同登记号　图字：01-2021-5401 号

元气复活：自愈的神奇速效法
【瑞典】亨利·费克斯
【瑞典】凯瑟琳娜·恩布拉德　著
唐　欣　译

策　　划　颉腾文化
责任编辑　王　佳　刘雨桥
责任校对　张　哲

出版发行　中国广播影视出版社
电　　话　010-86093580　010-86093583
社　　址　北京市西城区真武庙二条 9 号
邮　　编　100045
网　　址　www.crtp.com.cn
电子信箱　crtp8@sina.com

经　　销　全国各地新华书店
印　　刷　北京市荣盛彩色印刷有限公司

开　　本　880 毫米 ×1230 毫米　1/32
字　　数　86（千）字
印　　张　8
版　　次　2022 年 1 月第 1 版　2022 年 1 月第 1 次印刷

书　　号　ISBN 978-7-5043-8706-6
定　　价　59.00 元

目录

第一部分

欢迎来到元气自愈场：重新赋能的力量

第一章
几秒钟元气复活：为自己重新赋能

无法放下高压生活？那就不必放下好了

嗨，欢迎！很高兴你今天能花时间来阅读这本书。知道你的时间很紧张，所以这里尽可能做简短的介绍。

不知道在你的大脑中是否总会萦绕着这样一种感觉（甚至在阅读这一句话时也会出现）：为什么时间仿佛永远都不够用？

正是这种感觉促使我们写作本书。

在现代生活中，人们可以与世界各地的人交朋友，随时随地保持联系，可以购置任何地方的物品，也可以在任意喜爱的地点工作，这种生活方式使我们眼花缭乱、焦躁不已。相信你一定注意到，最近有许多文章和书籍都在强调消除日常压力、放松心情、少做一些事的重要性。这个观点有一定的道理。的确，减少任务量对减少压力是有益且重要的。然而，我们认为，就压力而言，这个观点还不够精准。因为不是所有要做的事都在给我们压力，其真正的问题在于，我们并没有在日程表内的各项任务之间留出足够休息的时间。

如果你和我们有相似之处，如乐于享受忙碌的生活，而不是想办法停止行动，或许你仅需要考虑：如何以一种更巧妙的方式应对现状，才不会让自己筋疲力尽。

不建议你忽视科学上关于压力的解说，在当今社会中，过度劳累的现象正以惊人的速度变得越来越常见。但是如果你能把自我疗愈作为生活中常态化的一部分，你就能真正抵抗压力带来的负面影响，这才是我们真正倡导的。

当然，至少在表面上，本书与其他书籍有些相似之处，所以我们先做一个自我介绍，并说明请你接受建议的理由。

我们是凯瑟琳娜·恩布拉德和亨利·费克斯，就像你一样，正在过着一种效率超出极限的生活。凯瑟琳娜是一名撰写有关人们健康、幸福生活文章的记者。多年来，由于工作的要求，她跟进着关于压力和疗愈的最新研究，因此她对这一课题产生了极大的兴趣。亨利则在过去 15 年中一直探索人类的先天能力和行为，并且他出版的几本书籍的主题都是关于如何充分地利用我们的心智能力。而如何能合理地运用自我疗愈能力，恰是这个主题的重要组成部分。

我们两人都面临着生活中的多重压力。如果不能积极地使用重新赋能的方法——这是我们自己创立的完整理念，就会因为缺乏专注力与能量而无法完成生活中的各项任务。事实上，如果确实如此，我们可能早就崩溃了。

而这样的情况，的确曾发生在我们身上。

亨利在认真考虑自我疗愈的价值之前，经历了一生中最痛苦的时刻。就像有些人说的那样，发生的一切甚至比想象中的还要严重。某一天，亨利发现自己像个疯癫的教授一样在厨房里踱来踱去，感觉自己的胸膛快要爆炸了，挣扎着试图控制自己脑子里失控般飞速旋转的想法。他的皮肤刺痛，像在针垫上打滚一样，而且感觉自己的心脏病几乎要发作了。幸好这些并没有发生。由于必须忍受糟糕情绪带来的焦虑，还要承担作为单亲爸爸的责任，并且在这个基础上还要持续工作，这一切逐渐使他精疲力竭。最后，他的身体和大脑说："够了！"惊恐症随之发作。这是他一生中最糟糕的经历之一，也是很难逃脱的经历。

而凯瑟琳娜曾因心率过速被送去急诊，医生毫不客气地说："回家去睡觉吧。直接回家，马上上床睡觉。你的心脏跳得很快，需要冷静下来。”

然而，她的老板刚刚病倒，整个办公室需要完成一项紧急的任务，她承受着巨大的压力。最重要的是，她还有丈夫和三个孩子需要照顾。回家去睡觉？不可能的，医生会忘掉这个建议的。她只是没有时间。“效率”这两个字几乎是她的中间名，她的生活节奏变得如此紧张，以至于根本没有时间为自己考虑。到急诊室就诊这件事，已成为她这种生活方式的一个警钟。

像我们这种长时间高速运转的生活，你可能也在经历着，它其实很少能产生好的结果。我们希望本书能帮助你在将来完全避免这种状况。我们的目的是为你在繁忙的生活中提供一个更加有力的支持性工具——而不是减少你真正想做的事。本书介绍的方法是基于近期关于压力、自愈、正念、时间管理和其他旨在帮助人们管理生活的策略的研究，其实并不难。这些实用而简单的方法可以随时被你使用，它们会帮助你疗愈身体和精神。有的方法可能需要一个小时左右，有的仅需要几秒即可，它们将帮你“注满电力”——我们称它为重新赋能。

第二章
全速展开自愈：何为重新赋能

提升智慧与创造力 / 生活的巧妙平衡术 / 将压力轻松抛于脑后 / 人人需要的极简自愈法

“唯有回归到生命的源泉中，方能收获治愈疲惫大脑的方法。”

——奥古斯特 · 斯特林贝格

我们生活在一个令人惊异的世界，享受着一系列卓越的科技成果。在旧时代，物品通常易于变质而耗损；而在现代，资料数据可以储存在“云”上，无形而易于获取。我们再也没有必要限制自己只能购买一套盒装的 DVD 单季电视连续剧或一张单独的 CD 专辑。现在，只要有所需要，世界上所有的电视节目和音乐专辑都触手可及。手机上的社交软件让我们随时能够与成千上万的人联络；手表面对着感应器，我们可以支付购物的账单；甚至，冰箱也是智能操作的。

然而，生活在这样未来式的“乌托邦”里，我们需要付出一定的代价；我们必须时时刻刻关注最新信息——无论最新款手机、脸谱网（Facebook）上朋友们的帖子抑或全球性事件，这已成为让我们难以忍受的折磨。信息流从未停止，我们甚至比“谷歌搜索”更了解最新消息。但与此同时，每时每刻跟进全世界的最新动态是一件不可能的事。

人们之间的许多种联系方式在过去也是难以想象的。然而，这些先进的联系方式让人们难以完全隔离工作，或者给自己留时间独处。在以前，你离开办公室的那一刻就已经完成了当天全部的工作——这是以前的常态；但是现在，拒绝在下午6点以后或者在假期里回复邮件必须是一个“明确声明”。在以前，“你好吗？”的官方回答是：“我很好，谢谢。”而如今的回答是：“我现在真的好忙！”

保持全速运转的忙碌会给我们带来各种不良的后果。有些人很疑惑，他们的记忆究竟发生了什么问题？或许你和他们相似，以前你还能够留意每件事，而现在，你必须把每一件细小的事情用笔记下来，只为让自己记住它。或者你也不太能想起真正放松和充满活力是什么感觉。如果情况确实如此，你不是一个特例。如今，我们有太多人时常处在自己不想要的奔忙之中。

现在的我们有太多事要做

越来越多的人逐渐意识到，我们这样的生活节奏从长远来看并不可持续。只不过，我们甚至没有时间去考虑这种生活方式给我们带来的长期影响，我们都成了“温水中的青蛙”。据说，煮青蛙的诀窍是把青蛙放在装满冷水的深平底锅里，然后逐渐升高温度。通常来说，青蛙不会注意到温度的升高，因此会一直待在平底锅里，直到它被活活煮熟。我们也一样，无法注意到现代生活“扔向”我们的各种压力（财务、心理、情感、身体或时间）是如何对我们施加影响的，这会使我们很难意识到自己需要转变，需要学习具体的策略来管理一系列摆在面前的要求。

即使你完全意识到了自己现在的处境，也可能会面临一个令人不快的两难境地：

一方面，来自美国疾病预防控制中心、瑞典公共卫生署和丹麦国家公共卫生研究所的报告均指出：我们中有太多人睡眠不足，并且工作过度。我们都在互相竞争的环境中，甚至没有人敢休息，因为害怕别人会在我们休息时反超自己，毕竟现在学业、身体和经济上的压力从孩提时代就已经开始了。

你或许从一大早给整个部门做汇报一直忙到你所负责的新项目的午餐会议，同时在想，你真的需要一个克隆人来帮你参加同一午餐时间安排的另一个重要会议。在同一天里的某个时候，你的脑海里又会闪过一个记忆：你为儿子的田径比赛精心准备的健身包——那个留在家里大厅的健身包。你每天都在琢磨，要在易贝商城（eBay）上“卖掉”你的老板还是你的孩子。

或者你正在为期末考试苦苦复习，同时在兼职工作上消耗太多时间（或者因为还没有找到兼职而感到惊慌内疚），而且还要想怎么才能让账户里的钱一直留到月底。当你终于有时间喘口气了，你会觉得自己的胃难受得仿佛打结成一团，因为其他人在他们的照片墙（Instagram）上看起来是那么开心（他们似乎还有空去上瑜伽课！），而你这周却连洗衣服的时间都抽不出。

另一方面，你觉得在杂志和书本上读到的压力管理技巧对你不起作用，因为它们通常都是关于你要如何做更少的事，而这并不是你想要的。你希望人生充满着好玩的、激情的、有意义的、有意思的会议和活动；你喜欢拥有一个充实的日程表——只要日程表里充满了那些能丰富你内心的事物，而不仅仅是穿在身上的外在事物。

最大的挑战在于，我们要如何找到所需要的精力去做那些有趣的事情（因为有趣的事情实在太多了），并且足够坚韧地完成那些不那么有意思的事情——做完也不会精疲力尽。你不想减少活动，只是希望有更多的精力去做。

或许有人会说：如果我们确实会在匆匆忙忙的生活中迷失自我，难道这不正好说明了最好的解决办法就是停止如此忙碌的生活吗？也许我们真的应该听从那些减压的建议，减少任务量，给自己更多的时间放松？不是的。

这似乎是一个好主意，甚至听起来完全合情合理。但问题是，我们大多数人不会这么行事。我倒还是希望把待办事项清单填满，然后按照计划尽快完成，这样就可以享受那仿佛永远不会降临的休闲时光，这背后的真相是：你更倾向于有事可做。与无事可做相比，有一堆事情要做看起来更好。并且，不只有你会这样。

这里有一个关于人类心理结构的关键秘密：我们绝大多数人真心渴望有很多事情要做。在这个机遇遍地的世界，我们难以抵抗内心对新事物的渴望。如今，我们在一分钟内可以完成的事情比几十年前一个月完成的事情还要多，随处可见的机会是如此令人眼花缭乱。而且，忙碌的生活本身并没有什么不好，有很多事情要做，实际上能让人感到满足与健康。

或许有些人认为自己渴望的是在没有任何工作和责任的情况下，呆坐在沙发上观看三个月奈飞公司（Netflix）的电影。实际上，那是不会让我们感觉良好的。当无事可做时，我们很可能会沉溺于消极的想法，随之失去欲望和动力。没有足够的事情要做甚至会产生孤独和沮丧的感觉。相反，当全速生活时，我们就会获得冲劲。一个紧凑的日程安排会提升我们的肾上腺素，这对我们的身体是有益的。也许你已经注意到，当日程表中已经有很多事情要做的时候，你往往会取得更多的成就，那就是体内肾上腺素的运作带来的效果。当你已经行动起来了，日程表上再多安排几个活动也不是问题。

所以，尽管当今社会很多人经常抱怨他们有太多事情等着去做，但那其实总比无事可做好（如果你习惯拖延，有太多事情没有去处理——有很多的任务反而能给你额外的动力；当你不再让自己“稍等片刻”时，就会想办法采取更容易的方式，立即完成待办清单上的任务）。这就是为什么我们永远不会建议你少做一点，那是不必要的。只要目前的情况没有给你造成实际的损失，你并不需要减少事情。你真正需要的是巧妙自愈。

这是因为，将油门踩到底可以给人们带来一定的力量与方向感，油箱却不会永远这么运转下去，尤其在你过度推动发动机，或者消耗它太久后。我们最大的失误在于相信自己可以永远保持最高效率的运作和百分之百的专注。我们中的一些人（如凯瑟琳娜）经常表现得仿佛他们的大脑有无限的专注力，一旦注意力开始被分散，他们认为解决办法就是一杯三倍的浓缩咖啡，或者仅仅是强迫自己集中注意力。然而，事实并非如此。

如果你想持续保持良好的工作状态和感觉，有效的解决方法就是定期给你的大脑和身体“充电”，给它所需要的能量。如果身心没有得到自愈，如此忙碌的后果可能就是生活变得失控，你会忙得不可开交，以至于根本不能停下来想想自己为什么要做这些事。你不会留给自己时间去思考一个问题——“对自己而言什么才是重要的”。而且，“永不放开油门”最终会导致健康问题或严重的错误，这使你倒转原本积极的思想，变成一个纠结痛苦的、费心思考自己的生活究竟去往何方的人。这一切确实让人感到羞耻。

在现代，关于压力的研究非常广泛，但关于自我疗愈的研究却非常稀少（纯粹的身体康复除外）。斯德哥尔摩大学压力研究所的戈兰·凯克伦德教授甚至质疑，某些因过度劳累而请病假的人，是否应该因为疗愈被允许请病假？答案是令人遗憾的。

什么是重新赋能？

我们使用术语“重新赋能”（Reload）来表示一种特

殊的“康复”，但这两个词语不是同等含义。“重新赋能”的概念还包括了解哪一种特殊的自我疗愈形式与你最为契合，以及在忙碌的日常生活中可以使用哪些特定的、实用的工具和练习，以补充你的能量。我们发现，“康复”一词的范围常常局限于纯粹的物理角度，而“重新赋能”意味着身体和精神二者的康复。当提到它时，我们想强调的是你的全部，而不仅仅是你的身体。重要的是：

重新赋能是一种整体爱护自己的方法，包括自己的身体和精神。

重新赋能是实用且有效的。

重新赋能的效果通常非常显著。

为了发挥它的最佳功效，我们首先需要从满挡加速模式进入有效的恢复模式。我们的大脑中存在一个中枢神经与激素系统，它能帮助身体在持续用力的间隙中休息。如果身体无法获得间歇的休息，它就无法有效地修复损伤、维持免疫系统或者储存能量——反过来这又会影响心智能力。所以当我们加满油门工作时，请一定确保自己会得到适量的修复，并且感觉良好，从而长期保持好的状态。

事实上，在阅读本书的同时，你正在给自己补充能量。这意味着你正在很巧妙地进行自我疗愈，即使在没有思考它的情况下。当然，这个好处只是冰山一角。在本书中你可以了解到的有：可以日常使用的重新赋能技巧、实用小诀窍和精神滋养的方法，它们会帮助你继续做你想做的事情而不再过度消耗。总体来讲，重新赋能是一整套修复身体与精神的方法。这就好像当你刚刚跑完一场比赛时，身体的肌肉需要休息才能恢复体能。同样，你的大脑和身体在紧凑的工作之后也需要时间来恢复活力。

所以，重新赋能与其他康复方法不同的是：我们并不想改变你的生活方式；相反，我们希望使其完整，让你享受其中。这本书以最新的研究发现为基础，介绍了实用、有效且比较简单的方法，以帮助你迅速达到身体和精神上的修复与平衡。

我们大多数人已经意识到自己需要疗愈，也需要一套自我赋能方法来面对生活中每天的挑战。这让一些人在面临生活困境的时候，可能变得沉迷于一些可以快速解压的事情。

快速解压是一个不错的主意。心理学家芭芭拉·弗雷德里克森创造了一个被其称之为“扩大和建立”的理论。她认为良好情绪的意义在于激励我们积极融入所处的环境，而不是避开它们或寻求孤立。也就是说，当我们感觉良好时，我们才能建立更牢固的关系，并做出对周围世界更有意义的事情。

但问题是，这些自己建立的、“无意识”的康复方法从长期来看往往不可持续。例如，为了达到这个积极的状态，避免焦虑或其他负面情绪，我们总会做一些类似于盲目购物、酗酒、贪睡、宅在家里“无所事事”、玩电子游戏，或者沉迷电视连续剧的事情。

这些事情给我们带来的积极情绪在本质上是稍纵即逝的。不仅如此，长久去做的话，还会影响我们的身心健康。与之相反，重新赋能提供的是一种可持续的自愈方法，让你在轻松不费力的情况下,保持一种更为持久的积极状态。

重新赋能提升你的智慧与创造力

当具备了重新赋能这种巧妙的自愈方法后，你就能以自在的速度保持前进而不面临身心崩溃的风险。而且，它还有其他好处。首先，当能量耗尽时，你很容易陷入适得其反的思维模式，此时做好重新赋能反而能帮助你释放出更强大的精神能量；另一个显而易见的好处是，当你完全恢复和放松的时候，你会更好地活在当下；第三个好处是，你重新获得了能量并提升专注力后，你的创造能力也会随之提升。

稍有讽刺的是，在如今这样一个允许我们尽情展示才华的时代，我们却比以往任何时候更有可能浪费这些机会。我们更倾向于浮光掠影，而不是深入钻研。当你明明可以浏览照片墙上一些貌似有见地的语录时，还有什么必要花几个小时深入学习呢？

而使用本书中的练习可以帮助你空出时间与自己的想法一起“玩乐”——心理学家爱德华·哈洛威尔认为这是让你的想法更有创造力和感觉良好的有效途径。“玩乐”一词也许在讨论成人如何管理他们的日常生活时听起来有些奇怪，但本书中，它是指任何你觉得刺激、有趣或有挑战性的活动，让你可以停止思考，完全沉浸于其中的事情。如果你指望自己的偶像或崇拜者，指点你关于拓展职业生涯和生活的方式，你会发现他们给出的建议和想法是需要被质疑的。而当你允许自己的思想自由翱翔、毫无拘束时，你才能在极佳的状态中提出更具创新性的想法以及更新陈旧的观念，让自己逐渐成长起来。

爱德华·哈洛威尔认为：我们经常把有劳动报酬的工作定义为我们不喜欢的事情；而玩乐，则是指我们享受且只会在空闲时间做的事情。然而，工作也可以被定义为任何产生价值的活动。玩乐也未必能为我们带来满足感。因此，似乎没有任何理由阻止两者的结合。如果你认真地玩乐，并将它融入工作中，大脑会更健康，生活中的压力感会更小——更别提良好的工作状态会让领导对你印象更加深刻了！

生活的整体平衡

我们希望你能明白，这本书是告诉你如何更自在地享受忙碌的生活。所以，这不是一本教你如何实现“生活的平衡”的书。

事实上，“生活的平衡”这个概念会给很多人造成不必要的压力。不管这个说法多么流行，生活的平衡在某种程度上是一个谜。在谷歌搜索上，引用自不同书籍和文章话题的“寻找平衡”拥有超200万次的点击量。虽然我们确信其中一些话题是关于财政或者微生物群落的，或如何单腿站立的，但几乎可以肯定地说，绝大部分是关于如何实现生活平衡这个话题的。

然而，“平衡”是一个定义相当模糊的现象。凭借这个短语在谷歌的点击率，关于它的定义和如何实现在网上有许多不同的看法。其背后的原因正是生活难以平衡。如果我们都能感觉到和谐，拥有内心的平静，并且能平衡我们生活的方方面面，这当然很完美。但事实是，我们大多数人时不时会被复杂的关系、不和谐的家庭，或者是周末过度放纵饮食后的消化不良所困扰，我们只能在某些时候感到真正开心。我们挣扎着处理和应对情绪的波动、激素的紊乱、拒绝做作业的孩子们、电视上各种各样的新闻、突如其来的分手，还有那种对自己和周围的人莫名的沮丧感。所有这些日常麻烦都是正常的，它们甚至可以激励你做出改变。然而，在实现改变之前，你需要经过一段艰辛的努力及在幸福安宁和煎熬痛苦之间摇摆不定的时间。

现代人似乎认为“平衡”是一种和谐与平静的神话状态，一旦达到这种状态，它就会无限期地持续下去。但只要现实生活一直在拖着我们的后腿，那就不可能发生（也许有一个例外，禅宗僧侣通过与现实生活分离达到了平衡。如果你住在中国西藏的寺院，这也许能够实现，但那对于要赶着去接一个练完足球的孩子的人可能不太现实）。

生活更像是一个跷跷板，上上下下、来来回回——它只能这样运作。只要你活着，生活就一直是这个状态。我们建议没有必要尝试平衡这个跷跷板，只管一直向前走。现在，把所有你想要和必须做的一切放在跷跷板的一边，把所有实用的重新赋能技巧放在跷跷板的另一边。只要你成功过一次，无论向哪里出发，你都可以坐着这个跷跷板前行——只要你能确保它正在“双向前行”！

真|实|案|例

姓名：阿曼达

年龄：38 岁

职业：通信代理公司生产经理

“当妈妈看到我，就叫了救护车。”

由于刚刚入职公司且单身，阿曼达几乎整日整夜在工作，完全没有让自己停下来休息调整的时间。最后，她倒在了急诊病房。

在阿曼达 30 岁生日前，她经历了一段艰难的时光，她与伴侣分手了，这让她感觉到自己唯一擅长的只有工作。从此以后，她开始不停地工作，从不停歇。有时候，她一周的工作时长能达到 100 个小时，根本没有时间进行自我疗愈。在经历头痛、心率不齐、睡眠不佳的情况下，她仍然在坚持工作，身体发出的所有警告信号，都被她忽略了。

“一天早上，我醒来时觉得肚子非常不舒服，我没太在意。又过了一些日子，我觉得实在太难受了，就打电话给妈妈，让她照顾我。我的情况越来越糟，所以她叫了救护车，结果发现我得了疱疹病毒引起的脑膜炎。我甚至再也不会犯口腔溃疡了！医生说我的免疫系统由于压力太大，而又缺少恢复，基本上停止了工作。”

刚开始，阿曼达请了两个月病假；后来，她以兼职的形式回到广告公司工作。“我的康复需要一些时间，但随着我的进步，我的状态逐渐好转。我会轮流安排工作时间与在树林或马场里做一些身体锻炼。现在我还做了一段时间的正念练习，我发现这些办法可以让我平静下来。对了，我还保证自己有充足的睡眠时间。”

大概一年后，她决心自己经商。

“我决定要多多倾听内在的声音了。从那以后，我就开始自己做生意，而且我会让自己的行程表留有余地。我希望能抽出时间多睡几觉或者多待在马场里。马儿们是我的救命稻草，在马场里干活能让我感到真正的放松，在那里待着的时候，我可以完全放空头脑。”

每个人都是不同的个体，阿曼达学会了尊重自己，领悟了自我疗愈的重要性。

“我很享受工作——工作太有意思了！但我意识到我也需要倾听我的身体，认真对待它告诉我的。如果不这么做，可能会出很多问题。”

让我们谈谈压力，然后将它抛之脑后

正如这不是一本关于平衡的书，这也不是一本关于压力的书。几十年来，我们一直听说人的头号敌人就是压力。教练和治疗师用了整个职业生涯教授我们如何避免压力。经受压力确实会带来一些严重的后果，如果长期处于压力之下，我们的大脑和身体的确会陷入一些非常糟糕的处境。

瑞典心肺基金会研究发现：世界各地的研究报告和研究表明，压力可以削弱我们的免疫系统，使身体更易于受到感染，这反过来又会引起心血管疾病。压力还会使我们健忘、易怒，容易陷入消极的思维循环中。瑞典心肺基金会还指出：持续性的倦怠综合征和精力衰竭会损害我们的大脑功能，这一点非常有意义。

然而，适当的压力实际上也是很好的动力源泉。研究表明，压力有可能是一种健康生活方式的标志。尽管这听起来不太令人愉快，但常是在有压力时，我们才开始取得进步。例如，运动队在落后几分的情况下会感觉到一种紧迫感，让他们鼓起力量扭转局面。凯瑟琳娜和亨利都可以证明，紧张（但不是过于紧张）的工作期限能让他们全力投入按时写完本书。

适当的压力也有助于成长。任何你参与的事情，只要不是仅仅坐在那里盯着墙壁（或屏幕），都需要一定程度的努力。为了学习新事物，实现个人成长，你时刻需要面临挑战，而压力也是必然存在的。如果你想攀登一座陡峭的山峰、养育一个孩子、管理一个成功的企业、长途跋涉，或者只是享受一段幸福的婚姻——你一定需要付出一些努力！

1. 没有人能不经受任何压力就能做出改变。

2. 做出任何带来改变的事情都需要承担一定的压力。

生活就是这样。

没有压力，我们就会变得无动于衷，并且无所事事——也不会感激生活的如意之时。这样，生活可能会变得乏味至极。压力能在逆境时给予我们挑战，也能在我们决定做什么后赠予我们向前行动的巨大助推力。

也可以说，没有压力的生活会很糟糕。所有人都自然而然地希望生活中有些事情发生——即使有些事情不能如我们所料。如果没有任何压力，你可能会因为过于轻松而感到“压力重重”。

我们对压力的反应也不是自动有害的，压力只会在我们承受很长时间且没有适当的自愈机会后才会成为危害。不幸的是，我们中的许多人忘记了专注于真正重要的事情，即奥古斯特·斯特林贝格所说的“生活的源泉”。相反，我们开始害怕压力本身。压力最近饱受诘难，媒体不断告诉我们这是有害的，我们也听到了很多与压力相关的病例数量上升的新闻。当然，承受压力而不去疗愈不是值得推荐的事情，如果长时间放任下去，压力最终会导致精神崩溃。但是，压力本身实在是一种普遍现象。

那么，到底什么是压力？在医疗领域里，生理学教授汉斯·塞利给出的定义被广泛使用。用非术语来说，压力可以这样表述：当一个人面临挑战或威胁时，身体进入的紧张状态就是压力。根据塞利的说法，压力是一种生理反应，而不是一种触发反应的环境，而这个环境被他称为“压力源”。应激反应的性质和强度是由个体的基因结构和环境的相互作用决定的。但从本质上说，压力只是一个身体反应，它的目的是帮助调动你需要的资源来处理你所处的任何情况。

自从塞利这样定义压力以后，压力的概念有了一定的扩展。现在，压力在某种程度上被认为会根据个人情况不同而有所差异，所以心理上的维度也已被添加到定义中。虽然我们谈到压力的积极面与消极面，但压力究竟是正面还是负面，更取决于你是如何看待它的。当你感觉自己接受到严苛的任务要求而无法完成，或者当身心没有得到足够的自愈时，你认为这个压力是负面的。当你的身体机制足够以最好的方式处理挑战时，你认为这个压力是正面的——你在紧张的状况下选择了适当的自我重新赋能的方法，这种情况更为常见。

所以，压力其实是一种个体体验，客观的标准不足以来衡量它。关于这点有一个很好的例子，从人们面对关于压力的调查问卷时的反应可以体现出来。在与研究工作环境的专家合作时，凯瑟琳娜所在的公司邀请了调研公司开展工作，其中一项是关于压力的调查。当答卷者被问及他们如今的压力是否比以前更大时，无论他们实际上是否有更多的事在身，大多数人的回答是肯定的。研究工作环境的专家解释说，这种行为非常常见，因为它是由压力的主观性决定的。换句话说，不同的个体是以独特的方式经历着相同的情况，因此本书并不打算教你如何避免压力，因为无论你承受的压力是正向的还是负向的，你都需要时间来自愈。例如，只要我们发现工作有趣又令人兴奋，我们大多数人会愿意投入相当多的加班时间。然而，无论你多么热爱工作，长时间奋战在夜灯下的你依然需要得到一些休息，对吗？

即使只经历正向的压力，你仍然需要重新赋能。没有经过赋能，你就有遭受永久性的、有害的应激反应的风险。

你可能认为自己没有办法二者兼得，事实上，你是可以做到的。只要你不乐意，你不需要放弃任何压力，你仅仅需要做的是保持健康（当然，你可以通过把重新赋能的方法融入日常生活），并确保运用好每次忙碌间隙中的重要的休息时光。

重新赋能和正念有什么区别？

重新赋能中的一些技巧和正念提到的方法有些相似。然而，我们认为，尽管正念有大量的经验与证据支持，它依然如传闻般有些晦涩难懂。我们都知道，在如今，正念能够实际而有效地改变大脑的结构并改善我们的能力，从而管理我们的情绪。

“正念”的语音特性也许为其塑造了某种神圣的意象，然而原词实际上只是“专心”的意思。也就是说，正念可以被翻译成“专注”，这听起来不太需要过多的崇拜。

心理学家和压力专家梅兰妮·格林伯格在她的《抗压的大脑》一书中给了正念一个不错的定义。她认为，正念是“在你和你紧张的想法之间建立一个健康的距离，给了你一个选择如何回应它们的空间。”

依据以上内容，正念是一种可以用来让你专注于当下的工具——当下可能是一个你不会首先考虑的时刻和地方，毕竟你的念头总是会想着下一秒究竟要做什么。为了帮助你完成自愈，你必须拥有使自己与逐渐加剧的消极想法保持距离的能力。因此，我们把正念融入了重新赋能的概念里。但重新赋能远不止于此：在这本书中，我们还会告诉你如何调节身体反应，管理思维模式，并了解那些帮助你自愈的积极活动与经验。为了完全自愈，你需要全身心投入。

你确实需要重新赋能吗?

你已经在这本书中学到了许多！恭喜！你在获得自愈知识上花费的时间已经比你在其他方面要多得多，而时间是一项非常宝贵的资源。除了缺乏了解，我们没有将重新赋能加入日程表的主要原因就是时间不够。我们只是认为自己没有充足的时间重新赋能，然而，重新赋能其实不花费时间，它反而释放了时间，因为它给了你积极生活所需要的能量供应。

你要做的第一件事是下定决心管理自己的时间，这决定了你的生活质量。显而易见的是，我们太多人极不善于分析和评估每天工作的轻重缓急；相反，我们倾向于让机会、乏味或其他人决定我们如何打发时间。我们习惯于回应眼前发生的事，而不是谨慎地决定应该如何安排生活。在生活中，虽然我们很少能控制自己的感受与想法，但至少可以选择做什么，或者不做什么。

我们知道你眼前有很多事要处理，也不希望浪费你的时间。为此，我们做了一个核查表，以帮助你确定生活是否需要更多的自愈。这份核查表中含有一系列长期压力导致的症状和信号，相关信息来自瑞典全国医疗保健网站、瑞典卡罗林斯卡医学院的“卡罗林斯卡疲劳障碍量表”，以及我们对医生和临床心理学家进行的关于“自我疗愈不足产生的影响”的问卷调查。这份核查表可以更加丰富，但我们暂且设置了以下条目。阅读以下列表，看是否有与你相符的情况：

· 你在夜晚很难入睡，早上你也很早醒来而无法再入睡。

· 你发现自己很难放松下来。

· 你缺乏专注力，由此在工作上或学校里的表现不能如你所愿。

· 你无法像以前那样集中注意力。

· 你喝大量的咖啡、酒水或者其他东西来维持能量平衡并管理压力。

· 你的记忆力受损。

· 你易怒，对别人的行为难以容忍。或者，在你看来你“不再允许别人的侵犯了”。

· 你感觉自己像一个螺旋形的弹簧（可能已经和焦虑绑在一起）。

· 你丧失性欲。

· 你觉得自己没有足够的时间，这促使你更加马不停蹄地工作。

· 你由于时间不够，难以把休息、休闲、娱乐或与朋友家人共度时光放在优先位置。

你有以上某些症状吗？或许不仅只有一个？我们猜到了。我们和你一样——非常需要重新赋能的方法。

现在请放心握住我们的手，这样会让你感觉良好。不过，在开始之前，我们明确阐述一点：这本书所能提供的帮助始终有限，如果你正在面临严重的问题和或处于危机状态，你必须寻求医生或治疗师。如果你稍微有一点迟疑，就会面临危机。例如，如果诱发抑郁症或焦虑症，寻求专业救助是你的首要任务。

在详细介绍重新赋能的方法之前，首先仔细思考一下，如果你没有得到足够的自我疗愈，你的内在会发生什么？你现在已经意识到：长期过度劳累并不会给你的身体和大脑带来什么好处。然而，你可能根本不知道当你承受着压力的时候，身体内部发生了什么。我们建议你在翻开下一页之前，先做一个深呼吸。毕竟，这本书的第二部分可能会给人一些惊喜。

真|实|案|例

姓名：斯特凡

年龄：26 岁

职业：医生

“我们很难照顾到所有人。”

无论来到一个新的工作环境还是一个新的国家，对于初来乍到者都是一个相当大的挑战。斯特凡医生只能努力把自我疗愈的方法融入他的生活。

斯特凡来瑞典当医生还不到一年。他在摩尔多瓦长大，在罗马尼亚接受教育。现在，他受雇于一个斯德哥尔摩郊外的诊所。很多人去那里寻求治疗，他通常一天要看十多个患者。

“我很少有时间休息，但我觉得最让人疲惫的实际上是我的职责。我探索过自己很多次，随之意识到这种情况有时会妨碍我的生活。回到家时，我满脑子想的都是工作，我担心自己是否会忽略或忘记了什么事情。我要么担心这个，要么担心那些正在经历严重健康问题的患者。这一切让我很难放松和自愈。”

斯特凡试图为自己的生活腾出更多自我疗愈的空间，但对于一个刚来到新国家与新工作环境的人，这不是一件容易的事。在参加了一个与工作相关的速成班后，斯特凡很快练就了一口流利的瑞典语，并养成了自己的日常作息习惯，如通勤线路与工作习性。然而，如何融入瑞典社会对他来说仍然具有挑战性。

“我来自一个环境更艰苦的国家，那里的人更加贫困。但在那里，人们经常相约喝一杯或一起聊聊天。从心理学上来说，这样更令人惬意。在这里，我感到很难结识新人。因此我常常感到孤单。”

随着日子周而复始，他发现维持人际关系对他来说太难了。

“下班后，我已经筋疲力尽了。我经常让女朋友感到失望，这样的关系无法长久持续，而且我感到精力匮乏，所以我们分开了。”

你做了什么来打破这种恶性循环?

“有时候，我会骑自行车上下班。这段路途很长，但当我回到家里，我经常发现这么做比我乘坐公共交通工具让我变得更有活力。骑一骑自行车或者心里期待些什么，都能对我有帮助。”

你对未来有什么想法?

“有时候，我会遇到不太友善的患者，然后耗尽全身力气去处理这个状况，这让我很生气。而且，我觉得人们无论在逛商店还是看医生，都应该对人友善，因为我们遇到的每一个人都值得被尊重。尽管进入一个新的国家和新的工作环境会遇到很多困难，我相信所有的经历都有助于我的成长。我渴望有所成就，这是我最大的软肋，但也正是我力量的源泉——我在努力平衡这一切。”

第二部分

懒人神奇自愈：你不知道的重新赋能术

第三章
当你的元气“濒临灭亡”会发生什么

给自己一次身心疗愈逆袭

很感谢你愿意花时间来阅读这本书。也许你的头脑里塞满了一堆还没完成的事情。工作都完成了吗？待办事项清单上的事情都处理了吗？

你的身体和大脑并不会像机器一样无限期运转。如果你持续保持高效运转的状态，那会对你的关系、你的健康和幸福生活造成负面影响。是时候让自己轻松一下了。学习新事物，已经被证明是一个很好的自我疗愈的方法。

本章将告诉你，如果你不停地奔波却不及时自愈，你的身体和大脑会发生什么。我们确信这会激励你更多地将赋能疗法并入你的每天日程里。

你所承受的痛苦

如果错过了自愈，你的心理状态很快就会受到影响，你会变得易怒，生活品质锐减，还会感到疲劳和脆弱。根据瑞典社保局的统计数据，精神健康问题已成为批准超过两天病假的第一理由。

并且，它也在身体层面影响着你。当身体没有得到及时恢复时，会导致很多不好的后果。根据我们采访的医生所言，若缺乏适当的恢复，你的大脑、心脏、新陈代谢系统和消化系统——你的整个身体都会面临危险。在与瑞典压力研究所的合作下，瑞典压力治疗诊所已经证明长期经受压力会对免疫系统的功能产生负面影响。

免疫系统是人体的防御系统。瑞典全国医疗保健网站和我们采访过的医生都注意到免疫系统保护我们免受病毒和细菌感染，并消除癌细胞。当你的身体告诉你它需要恢复时，如果你不听，它只好放大“音量”来确保你能明白它在说什么，就如你在第二章中读到的那样，亨利的身体在他惊恐症发作时所表现的行为。他应注意到自己身上到底发生了什么，辨认出身体正在经受的各种感觉，而躲过了这一劫。他皮肤上的刺痛感、受压的胸腔和急促的呼吸都暗示他的身体系统被肾上腺素冲击着，一切明示着他是多么的焦虑。这个洞察力意味着，无论那焦虑的想法在他看来多么真实，他也不能再把它们当真了。

通过了解和承认他的身体所发生的改变，他只能耐心地等待，直到肾上腺素的兴奋减弱，焦虑走了，他又能正常呼吸了。这并非他做过的最容易的事，但他成功了。他的身体告诉他："嘿，是时候休息了！"

自我疗愈最重要的功能，就是关闭和停止那些对身体造成伤害的过程，这让你有机会重新振作起来。

对体重的影响

现在，已经有了不同的方法来衡量我们对自我疗愈不足的反应。瑞典压力研究所报告，一些研究表明，当人们面临严重的心理或社会压力时，如失业、爱人处于疾病晚期、核灾难、怀疑自己可能得了前列腺癌，尤其是当他们作为公交车司机遇到交通严重堵塞时，体内皮质醇的浓度会增高。对于长期的压力，这些评估办法可能很难适用，因为身体调节血液中皮质醇水平的能力已经失衡。

但是，皮质醇始终是一个评估压力的好方法，如果你阅读过一些阐述压力的杂志，这个词你一定遇到过。

不过，皮质醇并不仅仅是测量压力的指标，它还会导致一系列不良影响。

以下是它在纯生物学上的工作原理：当你在压力之下，或异常快速的节奏下工作几分钟后，大脑中的下丘脑会向脑下垂体发出信号，随之脑下垂体开始释放促肾上腺皮质激素（ACTH）；然后，这又向肾上腺发出信号，使其开始生产皮质醇、去甲肾上腺素和肾上腺素。

皮质醇提升了你的血糖水平，并刺激肝脏产生葡萄糖，而你的大脑需要葡萄糖这种物质来保持警觉和清醒；皮质醇也能在遭遇疼痛和伤害时保护你的内脏器官，并在生死攸关的情况下抑制身体非必需的功能，如消化、繁殖、生长和抗病能力。

然而，如果皮质醇在体内停留时间过长，长期被抑制的免疫系统会使你易于感染疾病。这就是为什么人们在忍受高度压力后，经常病倒。

从短期来说，肾上腺素也会减少你的饥饿感，因为它会将你内脏的血液导向你的主要肌肉群以备战斗或飞行模式所用。毕竟，肾上腺素是短期能量的来源，一旦它离开了系统，余留的皮质醇就会告诉你需要给身体补充能量了。

我们的祖先曾在与野兽搏斗时消耗大量的能量，正因为如此，他们的身体需要重新补充大量的葡萄糖和脂肪。而现代人很少会面临身体上的搏斗，相比于与老虎打架，人们参与战斗的方式更多的是想出办法如何支付账单或如何找到能量再努力奋斗几个小时。换而言之，我们消耗的能量要少得多——和祖先相比，几乎没有消耗太多能量。然而，我们的神经内分泌系统还没有适应现代生活——你只知道你的激素一直在加速，这让你比以往任何时候更想尝尝冰箱里那盒本杰瑞品牌的冰淇淋。

皮质醇对你的睡眠也有一定影响，这就是你疲惫时更有可能多吃不健康食物的原因。睡眠紊乱会导致你储存更多的脂肪，使你的肌肉收缩，这会促使你在感到疲倦和精疲力竭时，更加享受吃东西的快感。有几项研究，其中包括乌普萨拉大学（瑞典知名学府）研究员乔纳森·塞德内斯的一项研究，均指出睡眠不足会导致体重增加。当遇到睡眠不足的问题时，体内的脂肪组织试图储存更多的脂肪，肌肉组织显示出更多的破裂迹象，血糖在体内循环能力也会被减弱。因此，如果夜间睡眠不足，超重和患有 2 型糖尿病的风险会提高。

总而言之，以上所言意味着持续的压力和缺乏自愈的生活会导致你体内的血糖水平永久升高，并使身体保留多余的脂肪——尤其是在腰部周围。这说明，如果你是那种压力过大或情绪低落就大吃大喝的人，或者你无法突破体重平台期——不管你从饮食中除去多少卡路里，这可能是因为你的血糖和不断释放的皮质醇进入了你的身体系统。

如果你好好使用重新赋能的方法，甚至无须改变饮食习惯，就有可能减掉腹部多余的脂肪！

对神经系统的影响

如果你的身体一直处于高速运转或者巨大压力之下，身体的自主神经系统也会受到影响。自主神经系统的职责主要是调节身体的自动运转，如血压、脉搏和呼吸。自主神经系统分为两个子系统：交感神经系统和副交感神经系统。这两个系统允许你在休息状态和紧急状态之间切换。当在极度高压的情况下，你的交感神经系统会被触发，从而触发相关激素的分泌。

每当我们发现自己处于紧张或高压的情况下时，这种运作就会发生。只要不是长期性或高频率发生，它还是无害的，前提是你的身体能得到足够的疗愈。当危机一旦过去，你的副交感神经系统会接管并抑制交感神经系统的影响——这是为了稳定你的激素和降低你的皮质醇浓度。

研究人员罗纳德·格拉塞和贾妮丝·格拉塞指出，如果触发器不断被发动，如你正在经历一段漫长的、困难的时期或处于一个不断产生刺激的环境，交感神经系统会处于完全启动的模式，这意味着它的影响不再能被减弱。而这一旦发生，你的身体和大脑就会一直处于待命状态——

即使在没有必要的情况下也是如此。

如果能定期自我疗愈，恢复到正常状态，你就会像一辆在繁忙的交通中正确行驶的汽车一样：在恰当的时候踩油门，和其他车辆保持合理的距离，在红灯时刹车。但如果你的交感神经系统已经被破坏而不能正常工作，就好比汽车的刹车功能损坏，有人在你的油门上放了一块砖头，这不仅会压坏汽车的引擎，还会产生近在咫尺的危险——如果马路上不止你一个人。

对心脏的冲击

当你努力工作太久而忘了自愈时，身体的心脏和血管系统会被损害。研究表明，在心血管疾病形成的每个时期，心脏每隔一段时间都会受到直接和间接的冲击。作为斯科纳大学医院主治医师和隆德大学教授，杨·尼尔森是一名心脏科专家，在一次采访中他讲解道：如果我们长时间承受压力而没有及时恢复，那会对心脏和血管造成不同类型的伤害。

我们已经知道，肾上腺素和去甲肾上腺素会影响血液流动，它们还会使血压升高，心跳加快。如果你没有时间进行自愈，就会带来危害。持续升高的血压作为影响因素之一，会导致血管变硬。这与升高的血压叠加，会使心脏更加疲于运转，而升高的血压加上血液凝固的趋势会增加中风的概率。皮质醇的增加也会引起对胰岛素的敏感性，最终导致糖尿病，这反过来又增加了心血管疾病的风险。

缺乏恢复也会间接影响心血管健康，因为它常与睡眠障碍、吸烟和缺乏锻炼有关。压力也会增加对心脏的损耗，具有各种不同类型压力而没有及时自我疗愈，心脏病发作和其他问题的风险也会增加。

严重的、持久的压力实际上会导致“心碎综合征”，即应激性心肌病。近来，这种痛苦被完全忽视，其症状常常被混淆成心脏病发作的征兆。“心碎综合征”确实会导致死亡，但总体来说存活的概率相当高。那些受“心碎综合征”折磨的人往往比那些在心脏病发作中幸存下来的人恢复得更快。一般来说，你所需要的只是给自己充足的时间恢复与疗愈。尽管完全康复可能需要几个月的时间，但一旦精神紧张缓解了，就会感觉好受很多，回到一片安宁与祥和中，事情也往往会进展顺利。

“心碎综合征”主要发生于受过良好教育的中年女人。然而，卡罗林斯卡大学研究所进行的一项大型注册研究显示，与许多其他心血管疾病不同的是，导致“心碎综合征”的风险因素并不是常见因素，如吸烟、高血压和糖尿病，相反，它与过度的身心压力有关。换句话来说，高压环境下人们缺少康复与疗愈就是其中重要的风险因素。

当然，不是事事都与心血管疾病有关。缺乏自愈能以多种方式侵害你的心脏。当凯瑟琳娜连续几个月保持全速前进而始终没有疗愈时，她的心脏快速地跳动。一位医生希望她能休病假，从而有时间放松一下，但是凯瑟琳娜拒绝了医生的好意。然而，她被提醒了一个事实——即使是一个工作狂，也需要定期腾出空间来自愈，这样才能保持长期的健康。于是凯瑟琳娜在她的日程表中设置了明确界限，以便腾出更多的时间用于痊愈。在她新的休息安排表里，她开始和一群朋友做新兵训练营式的户外运动，使自己大汗淋漓，与朋友们倾谈几句，二者结合给了她不可思议的体验。她还下载了一个手机应用，开始在工作中做简短的正念练习。就在上次看过医生之后不久，她的心脏又恢复了正常跳动。

对大脑的影响

在过度劳累后的大脑中可以观察到一些变化，如因为缺乏恢复而变得不太健康。于默奥大学的心理学家阿涅塔·桑德斯特伦的论文证实了这一点。该论文基于三项研究的数据，其中一个研究是将治疗衰竭综合征的患者与抑郁症患者进行比较，并有一个健康人员的对照组。研究的所有参与者均参与了记忆测试，在测试中他们的大脑会接受核磁共振成像的检查。结果发现，过度劳累状态下的一组人与处理计划和执行任务的人相比，大脑显得不那么活跃，他们很容易分心；而那些抑郁或完全健康的人的大脑不会有这样的变化。

话虽如此，但你也并不需要每天都保持镇定和平静。当你在路上开着车，而一只小狗挣脱了皮带奔向马路时，你的身体进入紧张模式是合理的，因为只有这样你才能及时刹车。幸好，这类身体生理反应就算你愿意也不会消失。如果没有皮质醇和肾上腺素的分泌，人类早已灭绝，毕竟我们可能无法摆脱那些试图捕捉我们的老虎们。

但是，若你一直处于紧张模式下，问题一定会发生，因为最终你的大脑功能会被损害。

对新陈代谢的影响

我们已经提到，忙碌的生活是如何影响血糖的。血液中的糖分有一个最佳好友：胰岛素。当身心得不到任何恢复时，血糖水平将会受到影响，这能导致非常严重的后果，而很多人往往忽视了这一点。医生和研究者米修·斯托罗尼这样解释：胰岛素起着类似于保镖的作用，管理血液中的糖分水平。由于血糖过高对身体有害，因此当血糖过高时，胰岛素打开一扇通往身体其他细胞的大门，让糖进入其中，从而限制血糖的含量。

碰巧的是，胰岛素也是我们身体最友好的保镖，它每天兢兢业业地看守着通往细胞的大门。这意味着任何时候血糖突然升高，部分血糖就会进入体内的部分细胞中，保证血液的含糖量恢复正常。有一个例外是，当你的大脑需要更多处理能力，如当需要立即计算避免被那只老虎吃掉的最佳方法时（这似乎是一只执着的老虎），胰岛素反而立即就会关闭通向细胞的大门，随后血糖水平就会上升，直到它们冲向人体内那扇永远敞开着的大门：大脑。

身体阻止胰岛素发挥其主要功能的情况被称为“胰岛素抵抗”。在危急情况下，它可以是救命恩人（“如果我爬上那棵树逃走，那棵树看起来能承受住我的重量！”），但如果“胰岛素抵抗”成为一种永久的状态，就会导致严重的伤害。要知道，身体和大脑都需要胰岛素维持正常运转。

大脑中的细胞由被称为突触的小桥梁连接，我们的大脑总是准备建造这样的桥梁，而胰岛素能帮助做到这一点。在关于动物和人类的研究中，给大脑提供额外的胰岛素对记忆和学习都有好处，即大脑在这种状态下建造的桥梁要比平常多。但是，如果身体抑制胰岛素的功能太久，反而会对智力造成负面影响。

最重要的是，正如前面所提到的，胰岛素会导致血糖升高，而这与抑郁症有明显的联系。这就是问题所在：如果没有让自己及时自愈，你就会产生“胰岛素抵抗”。这不需要太多的时间就可以实现。在大鼠身上进行的一项研究表明，每天只需让大鼠承受几个小时的压力，它就会产生“胰岛素抵抗”。在这方面，人类的情况与其十分相似。

此外，身体上的压力并不是导致这种情况的必要条件，情感上的反应出现就足够。事实上，导致职场倦怠的其中一个原因就是，你感觉自己所有的付出被忽视。

你觉得自己在努力工作，但没有人看到或承认它——更别提奖励你了！在一项涉及近1500名德国工人的研究中，在工作中被低估的感觉和一种被称为代谢综合征的现象有关联。代谢综合征涉及胰岛素抵抗、高血压和肥胖。这个描述听起来像是对我们熟知的某类同事一种冷漠的讽刺：胖、满脸通红、心情低落。虽然我们以前都认为这类人所需要的仅仅是做做深呼吸，多看看事物积极的一面，少喝点啤酒，但现在我们知道了，这种情况可能是由胰岛素抵抗造成的。

就这样，身体一次又一次陷入螺旋式下降。长时间陷入负面的情绪会引发胰岛素抵抗，导致血液中糖含量过高，继而引发抑郁症，而这反过来又会加剧胰岛素抵抗。打破这种恶性循环并恢复动态的胰岛素流动，进而恢复你的情绪和认知能力的唯一办法——就是得到疗愈。

即使你一直在加速踩油门的工作状态下，只要调整饮食和运动水平，就可以从根本上加强对胰岛素抵抗的防御力。

对胃部的影响

不停地奔波而不增加自愈的时间是消化问题最常见的原因，这也会加重一些可能早年就存在的胃部疾病。

人们熟知的胃炎——消化不良就是一种常见的消化问题。消化不良是一种常见的对压力的反应，而这也意味着胃很敏感。消化不良很可能被定义为消化能力弱，这不是一种医学上的疾病。相反，这是一种由消化道引起的一系列症状，如你感觉一开始吃东西就饱了，即使你明明饿着，或者是腹胀，或者是胃灼热和反酸。

消化不良只是那些四处奔忙却没有自我疗愈导致的众多胃部问题中的一个。我们知道，身体是很有智慧的，前面已经说过，当面对威胁的时候，就像面对我们的老朋友老虎时，肾上腺素是如何从消化过程中为你重新输送能量，从而提高你的生存概率的。然而，当你的老板给你发邮件了，而你又要去接一个生病的孩子，这时你又突然意识到你错过了你岳母的生日——那样的话，相同功能会关闭你的消化系统，进而可能导致胃痉挛和不良放气。

另一个经受压力后没有自愈的症状是肠易激综合征

（IBS）。健康专家阿尼莎·里斯伯格和行为科学家德西里·里斯伯格指出，肠易激综合征是世界上常见的病痛之一，这不是一种恶性或者传染性的情况。虽然各自症状可能不同，但所有患者都会经历胃部疼痛。

对精神的影响

当身体没有足够时间的进行自愈时，不仅会伤害你的身体本身，也会带来精神痛苦。这方面最明显的迹象就是易怒、疲惫、容易哭泣，或情绪冷漠。安东·洛恩医生和精神健康研究员斯维特拉娜·伊凡诺娃已经判定，在非常糟糕的情况下，你也可以承受较长时间的自我价值低且忧郁的极端情绪。在这种状态时，你需要频繁寻求精神或医疗帮助以找到出口。

心情变得非常低落的一个原因是没有得到足够的自我疗愈。无法让自己复原，你的世界观就会扭曲，你会以不幸而受伤的角度看待世界。然后，你开始悲观地看待一切，一些不经意的评论也被你看作人身攻击。例如，在自动扶梯上站在你前面的人，被你看作故意刁难你；感觉老板很有可能解雇你；你坚信自己只是毫无用处的累赘。这些都牢牢占据你的大脑。这不是你的错，这只是因为你的大脑存在两个分区。

一方面，是大脑中的理性区域，它位于额叶。理性区域需要在推理逻辑、考虑后果和深思熟虑后做出决定。理性的大脑用于得出复杂的结论，并制订明天的计划。

另一方面，是大脑中的感性区域。感性区域的行为完全基于此时此刻什么让你感觉良好，或者不好。

无论在何时，以何种方式，你的行动都由大脑这两大区域激烈的谈判所产生。大脑的理性区域会分析并质疑结论的有效性，当注意到有人皱着眉头时，它会分析整个大环境来确定这意味着什么：他是不是因为你问了他的爱好是什么而真的生气了？抑或是他喝的饮料味道太酸了？大脑的理性区域花费时间思索着。

大脑的感性区域则正好相反，它自动且迅速地响应，而且不关心为什么会产生这种感觉。它会一边让你的胃感觉不适，一边想着："该死，现在他生气了，我打赌一定是我的错！"

心理学教授约翰·卡乔波和其他人都验证过，如果大脑的感性区域不是明显地习惯于消极回应而非积极回应，它得出的结论可能就不会是什么大问题。

这与人的个性无关，这只是身体的一个构造。曾经，大脑的感性区域的想法对我们的生存有着不可言喻的重要性。大脑的感性区域的职责，从广义上说，是快速识别环境中的不同标志，以确定它们是否意味着危险。与大脑的理性区域处理信息的过程相比，这是一项需要更快做出决定的工作。在几千年前，我们的生存依旧与大脑的感性区域息息相关。感性区域不是一个优秀的风险承担者，它一贯的行事原则是这样的：每一件事情都是危险的，我必须提高警惕，决不能掉以轻心。相比于死亡，我宁愿面对羞愧。”

因此，为了保证安全，大脑的感性区域总是得出消极的结论。大脑的感性区域完全无视了这样一个事实，即它正在草率地得出结论,而事情可能比想象中的要复杂得多。换句话说，大脑的感性区域被设定为生成一个扭曲现实的画面。

在短暂的情况下，这类预防措施可有效帮助我们避免类似于被老虎吃掉的事件发生。但如果在不必要的情况下依旧保持大脑感性区域的运转,它就没有那么大的用处了。因为这样会继续让自己失去知觉，做出消极和（通常）错误的假设。例如，即使目前并没有支持结论的证据，你也设法说服自己的现状岌岌可危。而且，你从来没有意识到你正在这么思考。

而大脑的理性区域，只要在时间充足的情况下，首先会调查清楚所有相关的事实，接着会形成一个理论，阐述事件的各个部分是如何关联的。大脑的理性区域，就像是通过一个过滤器或泡泡连接着外面的世界。大脑的感性区域采取了相反的行为：首先，它说服自己相信一个基于自身负面情绪的理论；然后，再用这个理论去解释周围所发生的事件。例如，只相信自己认为的观点，忽视或曲解任何与之相矛盾的东西。“你不认为我很有魅力，你这么说只是因为你觉得对不起我。”

由此可见，由大脑的感性区域主导生活恐怕不是一个好主意，避免这种情况的一个关键办法就是给大脑足够的精神自愈。

真|实|案|例

姓名：克莉丝汀

年龄：43 岁

职业：非营利组织的专家

“我当时躺在地板上，却不想回家。”

她回不了家，因为她根本没有时间。克莉丝汀躺在了地板上，尽管感到胃疼，她也希望能把会议开完。

待办事项清单不断延长，她从未有过自愈时间，这一切让克莉丝汀患上了严重的消化不良，并且持续了好几个月。最重要的是，她还患有紧张性头痛，对光敏感，强烈焦虑，极度疲劳，体重增加，经常易怒。但她忽略了一切警告信号，并继续她一直忙碌于手中的工作，她甚至还加快了节奏。一天，她在办公室的会议中倒在了地板上。

“我的胃疼得要命，但我不能回家，我有太多事要做。所以，我躺在地板上，想着我可以这么参与会议。”克莉丝汀告诉我们。

当她的同事低头看着克莉丝汀，问她的真实感受如何时，她开始停不下来地放声大哭。最终，她被批准了六个多月的病假，其中六周是“全职休息”。

“我不用工作，就待在家里。我躺在沙发上，观看奈飞公司的影片，吃了甜食。在整个过程里，我觉得自己一文不值，内心充满了对自我不足之处的厌恶。”

你是如何走上自愈之路的?

“过了一段时间，我决心掌控自己的生活。我每天会出去散步一次，呼吸新鲜空气，我还会练习瑜伽。最重要的是，我听从我的身体，跟着它的节奏来。”自愈开始有了回报，克莉丝汀开始感觉好多了。

“这些天,我有更多的安静状态,有更多的时间去休息。即使我还有事情要做,但当我感觉到累了我就会上床睡觉。我也做一些体力活动和富有创造性的事情来作为补充能量储备的方式，例如，重新装饰我的家。”

你现在知道巧妙自愈的方法吗?

“是的。在我压力最大的时候，我总是吃很多甜食和垃圾食品，但我设法打破了这种恶性循环，现在我摆脱了消化不良的痛苦。另外，一有时间我就健身。现在的我休息得更多，暂停得更多了。我也睡得更多，这样能帮助我恢复能量。”

回顾那些充满压力的日子，你如今的感受如何?

“那种感觉就像一个黑洞，那是一个极具破坏性和可悲的时期。我从来没有被诊断出抑郁症。那六个月，我感觉脑袋里空空如也，还伴随着健忘症。”

当你展望未来时，是什么感觉?

“太好了！我迎来了完全崭新的生活。我考虑更多的是怎么照顾好自己，因为我再也不想体验过去的生活。这些日子里，自我疗愈就是我的一切。”

学会解读身体的信号

现在你了解到，缺乏自愈会如何影响你的身体和思想。但在事情变得非常严重之前，人们几乎不会注意到在那疯狂的生活循环中，内心究竟发生了什么。因此，我们会举例说明一些刚刚提到过的带有警告性的信号或症状，这些信号提醒你需要更多的自愈。

头痛与身体的疼痛

当你焦虑不安的时候，肩膀经常高耸，背部和颈部有时甚至还有下巴都是紧缩的，这些疼痛和酸痛一般会按时发作。如果不花时间恢复，身体将失去张力，很难把肩膀放低下来。

易感性与孱弱的免疫系统

你是否觉得感冒常常久治不愈？你是否总是莫名其妙地发烧或是患上冻疮？免疫系统的职责就是保护身体免受外界生物的侵害，但恒定的激素分泌加上睡眠不足，会给它带来负面的影响，确切的影响程度会各自不同。然而，需要清楚的是，免疫系统会因为巨大的压力和没有自愈而遭受巨大冲击。例如，延雪平大学的艾玛·卡尔森证明，承受心理压力的年轻女性体内存在较少的免疫细胞。而事实上，免疫细胞可用于预防自身免疫性疾病，如1型糖尿病、多发性硬化症和腹腔疾病。

简而言之，生活如果总是过于匆忙，人的抵抗力会衰退，会更加容易生病。

易怒性升高

负面情绪和易怒是体能衰竭常见的早期症状。通常，你几乎不会注意到自己变得更容易发怒了。因此，你可能要留意身边不那么敏感的亲人是否真心觉得最近你有点暴躁，也许你的情绪不仅仅由于他那异常恼人的行为。

噪音敏感度

你周围的环境是不是突然变得很嘈杂？瑞典斯德哥尔摩大学压力研究所的名誉教授托雷斯·托雷尔是一名项目主管，这个项目是一个关于听力问题、心理社会工作环境和健康状况的大型研究项目之一。这项研究表明，听力受损更常发生于那些承受巨大压力的人们，甚至在动物身上进行的研究也表明，听力受损与长期的压力有关。如果你突然感觉对大声或突然的噪音敏感，或听到耳朵里有持续的嘶嘶声，这可能是一个信号，表示你正处于太多的压力之下，而没有得到足够的自愈。你专心致志地走在路上，就像一个士兵走在充满敌意的领土里，但如果没有采取自愈方法，就容易对环境中的噪声过度反应。

注意力和记忆问题

工作太辛苦会影响记忆力。正如上文中提到的，压力对大脑的影响甚至可以被核磁共振扫描并记录下来。你会开始找不到合适的用词、忘记开会，或者把你的智能手机忘在了冰箱里。你突然需要把事情详细地记录下来，以防自己遗忘。

胸腔受压，心跳加速

如果工作得太久而没有自我疗愈，你的心脏就会抗议。你可能会心跳加速，就像你的心在试图跟上自己紧张的节奏，胸口可能也会感到压力重重。对这些警告信号要务必引起重视。

睡眠障碍：难以入睡或醒得太早

我们中大多数人都经历过睡眠困难的时期，但如果睡眠不足影响你的情绪，或者你注意到你已经有一段时期难以入睡，就需要行动起来。或者你睡得比平常多，却感觉自己并没有休息好；或者你很容易就醒，然后再也无法入睡。这些都是重要的迹象，表明你需要更多的自我疗愈。

充足的睡眠量并不完全因人而异。当然，有些人可以只睡四小时，而另一些人则需要超过九小时的睡眠——但他们是例外，不是规则！你应该相信一项庞大的睡眠调查的结果，这项调查有超过100万的参与者。调查显示，那些每晚睡六个半小时到七个半小时之间的人活得比别人长久，睡眠时间每晚超过八小时或少于四小时的人的死亡率更大。渴望拥有越长越好的睡眠时间，并不一定有益于身体健康。

人们试图调节睡眠问题的一个常见方法是喝酒。晚上喝一杯葡萄酒或一杯威士忌似乎很享受，但我们不推荐它作为助眠剂。酒精当然能帮助入睡，但会让睡眠质量更差，而且很可能晚上醒来好几次。调节睡眠的最佳方法是得到正确的自愈。

常见的焦虑不安

你是不是突然为每件事担心，甚至毫无来由的担心？你是否在会议期间难以静坐，整个身体有没有感觉焦躁不安？过度焦虑是一个常见的迹象，它表明你需要重新赋能。

他人带来的焦虑

身边的亲朋好友是人们长远幸福的重要组成部分。社交支持是最有效的疗愈任何负面影响的方式之一，无论这个负面影响是精神上的还是身体上的，或是高压的生活造成的。

然而，你最亲近和最亲爱的人也可能是你困惑和忧虑的来源，因为他们不会总是如你所愿，这是必然的。但如果忽视了自我疗愈，你会始终以一种否定的观点看待你周围的人和彼此之间的关系。因为大脑那多疑的感性区域和它扭曲的解读开始占领主导地位，你会突然觉得你无法与亲友“共处”。你开始执着地认为他们做错了，或者你觉得在关系里多么难以磨合，这都会制造一大堆不真实的信念，消耗你大量的能量。

热衷与人比较

目前常见的造成人们情绪难过的原因之一就是与他人比较，这对我们没有什么好处。在过去，我们与他人比较的机会远不如现在普遍，因为过去我们只是身边没有那么多可以比较的人。现在，我们有了社交媒体和互联网，这使我们可以与更多的人进行对比，而有的人甚至这一生都不会见到。难道他们不是每一个都看起来如此不可思议，看起来比你更漂亮、更聪明、更富有、更幸福吗？甚至他们会去更凉爽的地方度假，这也成为让你不开心的理由。

有了这些想法，人们很容易感到失控，尤其是当没有得到足够的自愈时。你逐渐不那么喜欢自己，还有可能认为别人就是你不快乐的源头。但当你拥有的成就、财产或外貌比别人都优秀时，你也会发现很难建立积极而有意义的关系。你会妒忌你的朋友，难以专注，感觉自己一无是处。

现在甚至有一个术语用来描述这个问题——FOMO或“恐惧落后症”，这是一种越来越普遍的现象。我们开始越来越频繁地在社交媒体上实时发布自己的生活，我们不想错过这些所有“其他人”都有的美好经历。甚至，我们对自己的要求越来越高，希望这一切能帮助我们实现完美的人生。在社交媒体中，我们看到“其他人”得到了完美的工作或在学校表现优异，为他们的沙发缝制新的垫子，家里永远放有新鲜的花卉（没有人愿意费心为其施肥，但似乎永远也不会干枯的花），追着所有热门的新电视节目，并邀请最酷的朋友参加超棒的派对。

我们几乎从未停下来考虑一个事实，就是我们所看到的这些只是他们生活中最闪亮的一点，这给了我们一种错觉，仿佛其他人都过着完美的生活——这是难以做到的。这样与人无休止地比较只会增加我们内在的压力。我们对生活应该如何进行的观念提出了越来越多的要求，我们必须找时间实现它。我们什么都不想错过，对吗？但是如果我们因为担心错失什么而不停地在日历上添加待办事项后，我们却常常忘记好好呵护自己。

缺少掌控能力

一种让人感到压力倍增的情况，就是你对事情负有很大的责任却对其缺乏掌控能力。有趣的是，大多数助理承担的压力比他们领导承担的还大。自 20 世纪 50 年代以来，各种研究一致表明，如果能够找到一种方法来体验对自己处境有某种程度的掌控感，它对你产生负面影响的可能性就会降低。这种感觉越强烈，你的掌控能力就越强，你就更能有效地管理自己的情况。缺乏自我疗愈，则很容易原地踏步而遗忘你拥有的掌控能力。

失去洞察力

如果已经把自己逼到了极限，你很容易无缘无故地得到更多工作量。当然，制定最后期限和解决问题很重要，但如果总是杞人忧天，就会变得对自己过于苛刻。如果无法允许自己休息，或者没有意识到并不是每一件事都值得被同等认真地对待，你就会一直带着体内过量的肾上腺素和皮质醇四处走动，而你也知道，这对你的身心无益。

孤独感

孤独和被孤立感会给你的大脑与身体带来严重的压力。我们的祖先互相陪伴去打猎，他们的社会基于这样一种观念：一些人会离开去打猎，另一部分人收集食物，有的人照顾孩子，还有人去吓跑危险的动物。如果他们都想活下来，他们就必须相信每个人都能尽自己的一份力。正因为如此,社会关系仍然与我们的生存本能密切地纠缠在一起。从出生起，你的大脑就是为与他人协作而设计的。因此，它将非自愿的独处视为极大的危险。

孤独和你身边确切有几个人无关。在一个人满为患的房间里，如果你觉得他们不关心你或者不重视你的需要，你也会感到孤独。身体感到孤独不太好，但心理上的孤独感更糟糕。

几位研究人员研究了孤独是否会以某种方式影响我们的基因。结果虽不是那么板上钉钉，但有一些迹象仍表明，在孤独的人身上，促进炎症的基因更活跃，而抑制炎症的基因却不那么活跃。如果事实如此，那么孤独确实致病。

大多数人在人生的某些阶段会感到孤独，比如当他们离开家搬到一个新的城镇时，当他们有了孩子时，当他们的子女搬出去时，当他们退休时，或者当身边的人去世时。如果他们在生活中不付出时间与别人建立有意义的关系，情况就会更糟。

小烦恼变成大麻烦

生活中的每一天，你都会遇到一些小事不能如你所愿：纸张在打印机里卡住了；遇到了交通堵塞；在准备演讲时电脑系统突然自我更新一小时；家里没有食物供应了；丈夫脾气暴躁，而孩子们弄得到处一团糟；数学老师呼吸方面有问题；日程安排被再次更改；你的午餐小分队十分钟前就离开了，这让你很失望；更糟的是，有人给了隔壁男生一套击鼓用具作为他的生日礼物。

尽管程度不大，但这些小事情都会触发你的应激激素。如果在生活中养成了自我赋能的习惯，你很快就会从这种微量的激素释放中调整过来。然而，如果你不解决这些问题，它们反而会堆积，导致更多的挫折感。你会不停地想着在工作中发生的一件事，最后因为发现有人随意丢放脏衣服而没有放在洗衣房的篮子里而变得异常恼火。在这样的情况下，你很难专注地完成应该做的事情。

重要的是，不要轻视这些每天发生的让你感到烦躁的小事。如果它们经常发生，你将无法恢复到从前，这会逐渐消耗你的整个身体系统。心理学家梅勒妮·格林伯格曾经引用过某些研究表明，连续不断的烦恼比那些更严重的一次性事件对健康伤害更大——因为后者可以有时间自我疗愈。

如果不能调节自己对每天烦躁小事的情绪反应，就无法拥有足够的资源去处理更大的问题。

———

巧妙的自我疗愈意味着知道自己需要多大程度、什么类型的重新赋能的方法。这两个问题可以确保你能从忙碌的状态中抽空休息，并以正确的方式利用这段时间。然而，人们生而不同，一些人需要更多某一类型的自我疗愈，而另一些人则更需要另一种。

为了确定最适合你的自我赋能技巧，你需要首先知道目前得到的自愈是多还是少，这样就可以识别需要用什么方法使其完整。这正是我们在第四章会帮你完成的。

真|实|案|例

姓名：穆娜

年龄：47 岁

职业：项目经理

“我的生命重新属于我了！”

当穆娜开始有点忘事时，她意识到是时候在日程表上增加自我疗愈的时间了。现在的她懂得休息，而且更懂得满足自己的需求。她非常热爱这样的生活。

最初，警示的信号还不明显。穆娜难以记住工作的事情，如某些会议是否已经召开，以及会议里是否说过什么或做过什么决定。

“即使是阅读一封电子邮件并处理它，似乎也是一种无法形容的、困难的、痛苦的、复杂的、几乎无法完成的任务。”

她也无法安心入睡或休息。

“虽然我的头一碰到枕头就睡着了，但五六个小时后我又醒了过来，完全筋疲力尽，却无法再进入睡眠好好休息一晚。我多么希望我能躺在床上睡够整整一晚再醒来。”

她进入了经典的代偿模式，无法再享受以前热爱的事情，即那些本来可以作为自我疗愈的事情。例如，她完全不看书了，她只是太累了，无法从书里获取任何信息。

在过去的一年里，她的工作处境变得更加极端，而且她习惯在路上吃午饭，整天都忙忙碌碌地从一个会议跑到另一个会议，会议之间几乎没有时间去完成工作。尽管穆娜努力把自愈时间安排在空闲时间里，但那完全不能与她紧张的工作节奏相平衡。

“有一天，我累得无法思考了。我正要为管理团队会议写一个会议的议程，我发现自己无法记起我们应该讨论什么，以及我们需要处理哪些问题。就像经历一场令人崩溃的海啸，大脑的某些功能完全损坏了。我没有力气做任何事，只能闭上眼睛休息，放松我的大脑。我用了最后一丝力气，给我最亲密的同事和我的经理发了一封邮件，告诉他们我再也应付不了了，然后我关闭了我的电脑，直到九个月后才重新登录。”

在第一个月的空虚之后，她开始察觉到自己疲劳的程度，直到那时她才终于设法睡了一会儿。最终找到自我疗愈的办法对她来说是缓慢的，这个办法就是机械的任务——浇花或洗碗。她还在音乐中寻找到了慰藉，坐在钢琴旁，让她的手指在琴键上找到自己的方向，一串串优美的音符给了她一种宁静与和谐的感觉。

你现在有更多的重新赋能吗?

“是的，现在与过去的差别非常大。在生病之前我就一直有想做的事，或者我认为自己‘需要’做的事。这段时光里我难以对这些工作放手不管，很少花时间自愈。以前，我总是专注于事情的实用性；现在，我同样享受属于自己的快乐。”

回顾过去的这几年，你对今天有何感想?

“听起来或许有些古怪，我很欣然自己经历了这段旅程。我已经学会了感谢生活，学会在生活中规划出空间，学会运用我全部的能力和直觉来做决定。我比以前更清楚内心深处的渴望，我现在更接地气了。”

当你展望未来时，你有什么感觉?

“过去的所有经历会影响我生活中的每一次选择。我渴望去生活、去品味、去爱。在我生病之前，我的生活处处都是强制、责任和义务。现在我可以自由选择让我感受好的事物，并且择优挑选，再不会为此感到内疚。我可以忽视优先考虑自己可能会带给他人的后果。现在，我更认可自己了，更能欣赏自己是谁及做过什么。所以，拥有有趣的工作、家庭时间和属于我自己的时光，如此难以平衡的美好生活竟然是真实的！现在，我正在享受我的生活！太棒了！我的生命重新属于我了，我爱它！”

第四章
“极简自愈测验”：你是否需要为自己赋能

看清自己的需要，正是疗愈开始

我们的生活需要一些刺激和冒险来使我们感觉良好。你可以把生命比作一根小提琴弦：它需要绷得足够紧又不至于紧到绷断，才能演奏出好听的音乐。同样的，尝试一次性演奏几台小提琴也不太科学。

无论如何，弄清楚我们应该专注于什么事情并不容易。好像总有一大堆事情等着我们去处理，我们也一直被生活的文化、我们的家庭、我们的朋友、我们的工作，更明显的是，被一堆广告轰炸着。每个人都想告诉我们什么才是至关重要的，是最有价值的。

为了确保做出正确的选择，我们会偷看别人正在做的事情（我们通常甚至不知道自己正在这样做，这一点是由医学博士和研究人员尼古拉斯·克里斯塔基斯和詹姆斯·福勒发现的）。因此，我们冒着风险选择被宣称是最常见的通往幸福的捷径，如上大学、买公寓，或者养育孩子们。我们也许会选择一些这样的事情，而不考虑它是不是我们真正想做的。做别人做的事确实更容易、更快捷些，但有一天可能会发现自己拉错了小提琴，而且把琴弦绷紧到了绝对断裂点。

巧妙地处理自愈问题的一个方面是认识到自己的现状，以及自己的需求是什么。

荒诞的新世界

即使我们试图“做正确的事情”，我们的思绪也经常漂浮着一阵阵对生活各种要求的焦虑，这样很容易分散注意力。而这是不可避免的，因为我们处在现代社会中存在的各种压力之下。我们无法对此做什么，但它们确实导致了我们的恐慌，并且恐慌的程度取决于自己有多大能力面对它们。即使你碰巧是一个恐慌阈值很高的人，不像所有人一样被困在仓鼠轮子里，你也可能时不时地感到被“卡住”，仅仅因为周围的世界就是如此。新闻不断播放着战争和贫穷，你也正被抵押贷款困住，担忧着最后的结果。与此同时，各种言论告知你需要有一个完美的身体、一辆完美的车，还有一个完美的家。如果不想成为某种二流的人，你需要有一个明年苹果智能手机的预定单、健身房的年度会员资格，并确保女儿五岁生日派对的装饰品和照片墙上那些孩子们的派对一样花哨。

当凯瑟琳娜有时会在一个社交活动来临前焦虑整整几周，只因为那整整两个小时的生日庆祝会。庆祝生日的那个孩子期待着他所有的愿望都会成真（除非他被一只真实存在的独角兽看见），但经验告诉我们：活动中至少有一个孩子会被弄哭，有一个小孩会头痛或感到恶心，还有一大帮小孩会干脆拒绝参加任何游戏。这还未提到派对的噪声，这些噪声足以让你觉得自己需要整整几周的时间来进行自我疗愈。

所有的新闻报道都在展示别人的生活是多么不可置信的成功，这让我们忘记了从几年前来看我们现在的生活是多么的奢侈——对很多人来说，这依旧如此。现代生活扭曲了我们对真正重要的事物的看法，让我们感到急匆匆和不满足，而我们应该真心怀有深深的感激。

当然，这不是说我们都变成了精神变态——就像我们说的，我们只是做着所有人都在做的事。当漫天纷飞的商业信息告诉我们不该满足时，我们真的很难知足（至少在我们买了那辆新车或者预定好新的旅行计划前是这样）。退一步说，美好生活的标准被我们定得太高了——最后当我们发现找到一份工作或者住处都很难，我们的弦绷得更紧了。

就如老电视节目《这就是你的生活》里谈到的，停止从外界的角度来看待自己的生活是一个不错的主意。向侧面走一步，看看自己是如何度过时间的，自己可能会在哪里消耗能量，以及是从哪里获得自我疗愈的。

瑞典统计局公布的数据表明，如果你是一个女人，相比前几代人你可能工作得更多。但是，如果有了孩子，你陪伴孩子们的时间与前几代人相比就更少了。然而，你其他的“职责”并没有减少，如修整房子或者装修公寓。被缩减的是你的社会交际、独处和满足自己需求的时间。如果你是一个男人和一位父亲，总体而言，与以前的父亲们相比你会花更多的时间陪伴孩子与家人。这不仅仅是一起待在家里的时间，期间每个人都可以做自己的事情（允许你做一些远程工作，甚至享受一段放松的属于兴趣爱好的时间）。不是的，为人父母现在是一件更主动的事情。统计数据进一步显示,父母在今天有更多的时间与孩子互动。我们陪伴孩子参加各种活动，可以说提高了人们对父母这种身份的期望。

这对孩子们来说非常好。但是，花更多的时间陪伴孩子和忙碌的工作这两者之间的平衡可能无法自行实现，因为工作本身的性质也发生了变化。这很大程度上是由于工作日变长了——工厂工人的工作时间不够自由，上班族被要求随时待命与加班。

如果你没有孩子，你可能仍然得不到很多健康的自我疗愈。更有可能的是，你的生活充满了大量的工作和学习。即使在看足球比赛或者和朋友一起吃饭，你也无时无刻不处在待命状态。你的日历充满着社交活动，而你通常没有时间去参加，但你又害怕错过什么。生活就是当你被安排在办公室加班，或者为考试而临时抱佛脚时，奈飞公司又更新了新一季你最喜欢的影片。

测试——你巧妙地自愈了吗？

那么，你怎么确定小提琴弦的松紧程度正好呢？最明显的依据就是你的紧张程度和你得到的自愈是否互相平衡。但这一点很难去判定。许多人都声称，在事情突发前一刻，他们都不知道自己离精疲力竭是如此接近。为此，我们设计了一个简单的测试。可能你是少数几个幸运儿，与我们在第三章所写的任何特征不相符，但我们仍然可以保证你的生活需要重新赋能。你很快能了解到这一点。你所需要的只是一支笔，所以如果你身边没有一支笔，可以随便拿一支笔。如果你能找到两支不同颜色的笔，如一支红色的笔和一支绿色的笔，那会更好。

第 89 页有两块云朵状的小空格。根据你对一系列问题的回答来填满这些空格。问题共分为两组，它们的名称是："我现在的生活"和"我现有的重新赋能"。这些问题的用语源于压力研究学者迈克尔·奥尔平、玛奇·黑森和精神病学专家安德斯·汉森，还有阿尼塔，以及德西里·里斯伯格等的研究。我们也从医疗保健部门在不同背景下使用的各种压力评测表中得到了启发。

你可以通过在每个测试中填入空格的正确数字来获得测试结果。如果你的真实反应介于两个选项之间，则选择最接近事实的那一个。当全部完成后，我们会比对答案并告诉你结果是什么，除非答案已经很明显。

我现在的生活

这些空格在第 89 页：请用红色的笔填写。

1. 你在日常生活中感到压力大吗？

每天填满　　填满 3 个

经常　　填满 2 个

有时　　填满 1 个

从不　　填满 0 个

2. 在过去的六个月里，你是否经历了一些人生的重大转变（例如，你身边的人过世了、你离婚了、搬新家了、被解雇了，或心爱的人患了重病）？

是的，至少两个　　填满 3 个

是的，一个　　填满 2 个

是的，但不是那么重大的事情　　填满 1 个

没有　　填满 0 个

3. 你是否担忧你的孩子、你的伴侣、你的家人或你的密友？

每天　　填满 3 个

经常　　填满 2 个

有时　　填满 1 个

从不　　填满 0 个

4. 你是否担心自己的财务状况？是否经常希望自己有更多的钱？

每天　　填满 3 个

经常　　填满 2 个

有时　　填满 1 个

从不　　填满 0 个

5. 在正常工作时间之外，你是否也时刻为工作待命？

每天　　填满 3 个

经常　　填满 2 个

有时　　填满 1 个

从不　　填满 0 个

6. 你睡眠有困难吗？

每晚　　填满 3 个

经常　　填满 2 个

有时　　填满 1 个

从不　　填满0个

7.你是否觉得工作耗费了你的时间而牺牲了陪伴家人和朋友的时间？

每天　　填满3个

经常　　填满2个

有时　　填满1个

从不　　填满0个

8.你是否觉得你在工作中的责任、任务或权力模糊不清？

每天　　填满3个

经常　　填满2个

有时　　填满1个

从不　　填满0个

9.即使没有迟到，你也会跑去赶公共汽车吗？

每天　　填满3个

经常　　填满2个

有时　　填满1个

从不　　填满0个

10. 你很少对自己的表现完全满意吗？

完全准确　填满 2 个

偶尔准确　填满 1 个

完全不准确　填满 0 个

11. 不管是从你的职业生活还是业余时间里的投入来看，你是否觉得自己的工作量太大了？

每天　填满 3 个

经常　填满 2 个

有时　填满 1 个

从不　填满 0 个

12. 你是否把别人放在首位而不是自己？

每天　填满 3 个

经常　填满 2 个

有时　填满 1 个

从不　填满 0 个

13. 当你的工作电话铃声在晚上 9 点响时，你会感到懊恼吗？

非常　填满 2 个

一般　　填满 1 个

完全不　　填满 0 个

14. 你觉得对你工作的管理是模糊的吗？

非常　　填满 2 个

一般　　填满 1 个

完全不　　填满 0 个

15. 你对自己要求高吗？

非常　　填满 2 个

一般　　填满 1 个

完全不　　填满 0 个

16. 你在准备动手做一项不得不做的任务时会感到难受吗？

经常　　填满 2 个

有时　　填满 1 个

完全不　　填满 0 个

17. 你经历一次身体接触的频率是？

每周 1 次以下　　填满 2 个

一周 1~3 次　　填满 1 个

每周 3 次以上　　填满 0 个

18. 你是否感到孤独或别人不能理解你?

经常　　填满 2 个

有时　　填满 1 个

完全不　　填满 0 个

我现有的重新赋能

这些空格在第 89 页：请用绿色的笔填写。

1. 你觉得自己得到了充足的时间自我疗愈吗？

每天 填满 3 个

经常 填满 2 个

有时 填满 1 个

从不 填满 0 个

2. 你是否每周至少进行 3 次适当的运动？

总是 填满 3 个

经常 填满 2 个

有时 填满 1 个

从不 填满 0 个

3. 你有没有积极的日常生活方式，例如，你有没有轻松地骑自行车去工作，或是在午休时间去散步？

每天 填满 3 个

经常 填满 2 个

有时 填满 1 个

从不　　填满 0 个

4. 你会有规律地休息吗？

每天　　填满 3 个

经常　　填满 2 个

有时　　填满 1 个

从不　　填满 0 个

5. 你是否尝试将学习新事物纳入日常生活中？

每天　　填满 3 个

经常　　填满 2 个

有时　　填满 1 个

从不　　填满 0 个

6. 你的饮食是否健康多样？

每天　　填满 3 个

经常　　填满 2 个

有时　　填满 1 个

从不　　填满 0 个

7. 你经常收到积极的反馈吗?

每天　　填满 3 个

经常　　填满 2 个

有时　　填满 1 个

从不　　填满 0 个

8. 你是否能够停顿下来，并对你所能应对的一切感到满意吗?

每天　　填满 3 个

经常　　填满 2 个

有时　　填满 1 个

从不　　填满 0 个

9. 你能否放松下来倾听，让别人说完自己的话而不打断他?

特别频繁　　填满 3 个

经常　　填满 2 个

有时　　填满 1 个

完全不　　填满 0 个

10. 你能掌控工作中需要完成的任务吗？

特别频繁　　填满 3 个

经常　　填满 2 个

有时　　填满 1 个

完全不　　填满 0 个

11. 你是否允许自己不及时留意最新的技术？

特别频繁　　填满 3 个

经常　　填满 2 个

有时　　填满 1 个

完全不　　填满 0 个

12. 你能否通过隔绝烦人的想法来避免负面情绪？

非常频繁　　填满 2 个

经常　　填满 1 个

完全不　　填满 0 个

13. 你每天冥想的时间超过 10 分钟吗？

特别频繁　　填满 2 个

经常　　填满 1 个

完全不　　填满 0 个

14. 你是否经常感受令人愉快的身体接触和皮肤接触？

特别频繁　　填满 2 个

经常　　填满 1 个

完全不　　填满 0 个

15. 你会在日程里为自己腾出时间吗？

特别频繁　　填满 2 个

经常　　填满 1 个

完全不　　填满 0 个

16. 你每个晚上的睡眠时间在 6 个半小时到 7 个半小时之间吗？

非常多　　填满 2 个

经常　　填满 1 个

完全不　　填满 0 个

17. 你能否在不感到内疚的情况下，为了家庭而拒绝工作？

特别频繁　　填满 2 个

经常　　填满 1 个

完全不　　填满 0 个

18. 即使你觉得一个项目还有更多可以做的，你也能放手吗？

特别频繁　　填满 2 个

经常　　填满 1 个

完全不　　填满 0 个

你的结果

我现在的生活：

1 2 3
4 5 6
7 8 9
10 11 12
13 14 15
16 17 18

你的结果

我现有的重新赋能：

1 2 3
4 5 6
7 8 9
10 11 12
13 14 15
16 17 18

接下来，你将创建两个“云”，两者颜色可能不同。绿色的云表示你的生命中的自我疗愈量，如果它和你现在的“生活云”一样大或稍大——恭喜你！你现有的自我疗愈与你所承受的压力程度保持了完美的平衡，也许你比我们更适合写作这本书。

但是，如果你的“自我疗愈云”比“生活云”大得多，那表示你在生活中可能没有接受足够多的挑战。因为很显然你擅长自我疗愈，我们鼓励你在一些领域把目标设定得更高一些。在自愈方面，你已经有了坚实的储备基础。

然而，我们相信你的结果更有可能是第三种类型，即“生活云”大于“自我疗愈云”。我们想第三种结果不再需要解释它的含义是什么。如果你没有动力提高重新赋能的能力，那么我们希望你在清晰地看到自己的需求后可以有机会做到。

如果自我重新赋能太多，你可能会变成一个终日躺在沙发上的懒人；但如果你没有得到足够的自我赋能，你更大的可能是感到焦虑，无法享受他人的陪伴，在生活里缺乏创造性和生产力，最终导致崩溃。这将让人极度羞愧，因为你的人生只有一次。

现在，你已经知道重新赋能究竟是什么，以及我们的方法与你以前读过的相比多么不同。你还了解到，如果身体和大脑得不到足够自愈会有什么样的后果。最后，你完成了一个测试，帮助确定你的生活还需要多少自我疗愈。现在，是时候让你看到实际的操作方法了。第五章将提供一套可以即学即用的重新赋能技巧。所以卷起袖子，一起来吧！

真|实|案|例

姓名：玛丽

年龄：46 岁

职业：市场专员

“独处的时光帮助我恢复能量。”

这一切源于办公室进行的重组。那时候，玛丽既要完成原本的工作，又要完成新安排的任务，这种情况还好，但她几乎没有时间自愈的原因是她觉得自己毫无价值。每一天，这种感觉都耗尽了她的精力：

“最糟糕的是，我要做的是我五年前我最开始做的工作。”

在办公室重组之前，领导鼓励玛丽和她的同事们讨论他们未来的打算。“我鼓起勇气告诉他，我准备好了去承担更多的任务。我告诉他我能做什么，我对什么都充满热情。”

但到了宣布新组织的时候，负责重组的经理发现很难帮玛丽找到合适的部门。最后她先在一个地方工作，在那里两个多月后，她被通知去参加一个会议，会议上她被告知不久她将被转到另一个部门。她还被告知，除了新的工作任务外，她还要完成她很久以前负责的工作，她的工作量会越来越大。

“就在那天晚上，我要去观看我最喜欢的歌手丹尼·苏塞多在交易所的演出。但我只是坐在观众席上哭，我已经满怀希望地等待了我新职位的消息六个月了。我曾为自己能掌控自己的生活而感到自豪，鼓起勇气告诉领导我想要成长。但当我看到结果后，我觉得很沮丧。”

最后，在她现在工作的部门，她待在一个角落，在那里她觉得没有人知道她在做什么，甚至没有人关心她，包括她的领导。“我在工作中感到非常孤单，我可以整整一个星期在家工作，都不会有人注意到我离开了。我从来没被邀请过参加任何会议，我觉得自己微不足道、愚蠢、毫无价值。”

唯一让玛丽感到被欣赏的是她的制作团队。

“他们是唯一理解我工作的人，他们知道这有多重要，如果我无法履行承诺，他们立刻就会注意到。但其他人不会这样。”

她感到心烦意乱，很没有安全感。“我一天哭好几次。我觉得自己就像一块奶酪，我的自信和我的自尊心每天一片一片被切走。”玛丽的病情不断恶化，但她不敢去看医生，她不是会请病假的员工。因此，她预约了未来某个时候看医生。

但她一到那里就崩溃了。通过她的医疗保健公司，她与一名心理治疗师和一名物理治疗师取得了联系，他们给她介绍了一系列的放松练习。后来，她尝试了医学瑜伽，并在几个月的时间里每周做一次。

“医学瑜伽给了我能量。当我有时间时，我也试着去看看我的朋友，和孩子们一起做些事情。慢慢地，我开始恢复了。”

当你展望未来的时候，你有什么感觉?

“经过了工作重组和病假之后，我意识到我必须打破以前的模式。我找了一份新工作，而且很幸运我被录用了。当我到了那里，我开始意识到我其实很能干，我很快就注意到我是一个受人赏识的同事。我所做的一切，在帮助我的同事们胜任他们的工作方面发挥了重要作用。我慢慢地又开始感受到自我了。”

今天回想起过去有什么感觉?

“不被需要，无法适应环境，没有得到充分的激励，所有这一切加起来对我来说是一种难以承受的负面压力。但过去的经历让我意识到，我确实需要自我重新赋能和独处的时间，让自己感觉良好。如果无法这么做，我会变得非常易怒，情绪也很糟糕。我必须安排一个独处的时间，一般来说是在周末，这样才能帮助我恢复能量。”

第五章
元气满满每一天：超实用的赋能小方法

迷你型重新赋能（几秒至几分钟）/ 中等型重新赋能（几分钟至几小时）/ 加强型重新赋能（时长不限）

前面重点提出，当你全速前进而没有充足的自我疗愈时，你的大脑和思想会发生什么变化，这些阐述是为了帮助你体会自我重新赋能的作用有多大。否则，你很容易因为它们听起来那么简单，就忽略它们。然而，如果你想继续拥有充满激动人心的事情和惊喜的生活，并承担伴随而来的要求与职责，就需要在日常生活中尽你所能运用这些方法；否则，无论你过着多么有趣的日子，最终都有可能会崩溃。

在学习本章中各种方法的同时，你还将读到身体与思想是如何运作的。我们坚信，如果你明白了调整思维模式和习惯之后身体是如何运作的，你能够更有效地使用这些方法。记住：开始一件事最好的时间是十年前，其次就是现在。你的大脑具有可塑性和强大的适应性，你的身体也会在更多意想不到的方法下更为强健。

事实上，只要学习了本章的内容，你在自愈方面就会比周围的大多数人更加睿智——即便你还没有将这些知识付诸实践。同时，你也会收获一种可持续生活的意识。重新赋能，不仅仅是你筋疲力尽的时候需要的恢复，最智慧的一种恢复是预防性的。当你开始做这些重新赋能练习的时候，你会注意到大多数最有用的方法，是允许你在事情发生之前以正确的方式预先分配好你的资源。有智慧地自我疗愈意味着懂得什么时候该踩油门，以及踩多少。

4种自我重新赋能的方式

自我重新赋能包括给身体和精神时间来重新启动，然后按照自然的方式运作。自愈能释放紧张，充足能量，让经受压力锤炼后的身心有机会痊愈。在这方面，也许每个人适用的方式不太一样。然而，我们都有一个共同点，即我们需要治愈身心整体的方法。瑞典斯德哥尔摩大学压力研究所的教授戈兰·凯克伦德已经把自我疗愈分为四个部分：睡眠、主动自愈、被动自愈和休息时间。下面逐一对其进行介绍。

睡眠

人人皆知，良好的睡眠对健康有益。当你入睡的时候，身体能够重建前一天裂损的部分，并为第二天缓存能量。单纯从生物学意义上说，睡眠提供的自愈能降低血压、降低脉搏和体温、放慢呼吸，舒缓肌肉。除此之外，睡眠会激活身体的免疫系统并允许关键的激素分泌。睡眠能提神，修复身体，帮助你做好准备迎接新一天的到来。

关于良好睡眠所需的必要条件，睡眠研究员们已经给出了很多建议，如保持一个相当稳定的睡眠周期，白天花一些时间在户外，活动你的身体，以及睡在无光而清爽的地方。

主动自愈

主动自愈，是一种涉及某项活动的自我疗愈形式，如散步、慢跑、聆听音乐、练习一种爱好，或者和朋友喝杯茶，从而用新鲜的感觉刺激感官。

这是一个很棒的自我疗愈秘诀。最重要的是，你选择的活动不应该是你日常熟悉的事情。整理屋子可以是一个很好的自我赋能办法，但可能未必适合你。

主动自愈也可以是学习新事物，或者有意选择去思考那些能让你感觉更好的想法。

被动自愈

被动自愈是一种基本无须做出任何努力的自我疗愈形式，如看电视连续剧或者浏览脸谱网订阅内容，休息放松。然而，目前还不清楚这种活动到底对自愈有多大的效果。你看，被动自愈似乎和一系列的负面影响有关。前面提到，大脑在处于休息状态的时候会沉溺于消极的想法。相信你也经历过这种状态，有一天你工作不顺，在你终于喘口气的时候，你躺在沙发上，深深沉溺于沙发软垫的舒适里，不过几分钟你就想起领导在晨会中对你说的那件异常的事，那熟悉的焦虑感就又来了。

正如我们所说，激活自己对你更好——但你需要知道好与不好的活动之间的区别。当沙发看起来很有诱惑力时，你很可能会想找一些需要稍微用力的事去做。这时，社交媒体看起来是一个容易的选择。这么做会激活你的大脑，因为你可能嘲笑一些有趣的猫，并在阅读一些启发性的语句时感觉温暖而舒适。这也是一件相对轻松的事。还有什么能比这更好呢？

还有很多类似的事。

我们人类，大体上来说，没有能力调节我们的好奇心。这就是为什么即使我们真的需要自愈时，仍然在不停地浏览电子邮件和社交媒体。但我们的大脑不是为处理这排山倒海般的信息流而生的。有时候，这种“休息”对你来说只会给大脑塞满更多要处理的东西。这就是为什么被动的信息吸收是一种糟糕的疗愈方式。其实，我们的大脑需要真正的自愈。在需要自愈之时，大脑最不希望的就是被淹没在图像和文字中，并迫使人们与照片墙上的朋友比来比去。

无论如何，只要提供了休息与放松的条件，被动自愈也可以是积极的。这种情况发生在轻微或有意识地，并且以一种真正让你放松和释放压力的方式运作它的时候。例如，你在看一部轻松的电影，而这个过程中你不会去翻手机里的脸谱网订阅内容。

休息时间

在工作日里，自愈也非常重要。休息时间能够让人们慢下来，给身心带来许多好处。如果日程安排已经不允许在不加班的情况下进行短暂的休息，或许工作量已经太多，那么你应该和领导讨论一下这个问题。

如果你觉得没有时间休息，也许应该考虑自己是否低估了对休息的需求。当有很多事情要做的时候，坚持下去会让你觉得很有成就感，你会完成待办列表中的一部分，并把它划掉。然而，这并不意味着你不需要停下来休息。如果你认真尝试中场休息，你会发现它并不会对工作效率产生不利的影响。记得安排和计划好休息时间，并且一定要确保它们的实行。如果在电脑前你很容易忘事，那就设置一个闹钟，提醒自己是时候休息了。

真|实|案|例

姓名：琳达

年龄：32 岁

职业：健身房的场地经理

“我已经失去了社交生活。”

对一个雄心勃勃的年轻人来说，生活可能并不容易。对琳达来说，这意味着她会忽视自我疗愈的重要性，而她的工作时间却一直在延长。这样的日子从长远来看，难以为继。

“我休病假的时候是 31 岁。在那之前，我经历了工作中长时间的不断的起起伏伏，耗损了我大量的能量。我的工作量很繁重，而且也感觉我的职业生涯已经准备好进入下一阶段了。我经常长时间工作，有时我甚至不得不承担两班工作以确保一切都能完成。但我发现自己越来越疲倦，我有了一堆症状，如焦虑、记忆力减退和言语障碍。我还有很多例子可以列举，症状多得根本数不完。”

一开始，琳达试图勉强挺过去，在工作上尽量表现得正常，但她回到家时已经完全精疲力尽。“我没有了自己的社交生活，因为我觉得自己没有时间和能量与家人和朋友待在一起。”琳达试着和她的领导谈谈，但她觉得没能说服对方。

“尽管我已经提醒他说我不舒服，需要一些缓解，我的领导还是不肯正视我的问题。我觉得压力很大，这反而又导致我们的工作关系恶化。琳达更少地自我疗愈了，因为她正在努力跟上生活的节奏。

“最后我变得非常烦躁和焦虑。但最令人担心的问题是我的记忆力——我记不住最基本的东西。我上班，然后试图启动我的电脑——但我不记得如何启动。最重要的是，我睡不着觉，这使我感到更焦虑了。无论我多么累，我的身体都在加速运转，而且很警觉。我不能放松下来，我有紧张性头痛，脸部的一侧出现局部瘫痪。”

琳达以为自己中风了，就去看医生。结果显示，她的症状其实是压力过大和恢复不足引起的。“我去乡下和家人住在一起，我有足够的睡眠。我决定要优先考虑自己，不再为了表现得‘好’而默许一切。”

你现在更多地进行自愈了吗?

“我总是尽可能机敏和警觉地去体会自己的感受怎么样，并花时间恢复它。但我还是觉得找到一个合适的活动不容易，我有时仍然有睡眠问题，以及一点余留的表达问题，有时也有过于紧张的倾向。不同的是我改变了我的人生观，我再也不想回到以前那种情况。因此，我尽量保持空闲时间，而且当我有很多事情要做的时候，我会努力用更多的休息来平衡它。现在我病得不严重，锻炼也更有效了。我更加专注于如何才能最好地自我赋能。一般来说，我会运动，花时间陪伴家人，不做过多的计划，三者结合来自我疗愈。”

精神自愈

现在我们已经意识到，精神方面和身体方面的运作同等重要。然而，尽管精神压力如同其他类型的压力一样，会刺激体内同样的身体系统，但现实中我们往往会忽视精神也需要重新赋能。例如，在攀爬楼梯和在早上通勤遇到交通堵塞而情绪激动时，两种情况下身体发生的变化没有多大区别，如同样的激素会分泌，同样心跳开始加速。其区别在于接下来会发生什么。例如，当你跑到楼顶后，你做了几次深呼吸——也许你还会伸展一下身体，喝点矿泉水。换句话说，你会做一些身体上的恢复，这对你来说是很自然的事情，因为它在某种程度上是自动发生的。但危机在于：你很少意识到在交通堵塞中失去冷静之后，你需要在精神层面上做完全相同的事情。

除此之外，在堵车之际，你可能满脑子充斥着负面的回忆与想法，这只会让你更烦躁（“我上班迟到这么久，领导会怎么说？他一定会辞退我的！”）。一旦交通再次开始顺畅，你更加不会注意治愈自己的情绪。相反，你会继续担心如果还被堵在路上事情会有多糟。换句话说，即使最初的危机早已过去，但你的大脑已经不再关注现实，反而沉浸在一种消极的关于生活怎么变得如此悲惨的幻想之中。

我们不是让你在堵车的时候千万不要愤怒，那对我们大多数人来说是难以实现的，而且对生活中的一些事件做出强烈反应这本身没有问题——只要之后你会恢复大脑，不让消极的想法挥之不去。如果对这种情绪听之任之，那么即使是很小的烦恼，也会消耗你的身体。你的思维也是这样运作的，如果你过度担忧已经发生的事情，即使是微小的反应也会影响精神健康——忧虑的对立面恰恰是健康的自我赋能。

当每天这类看似无害的情况开始在你身上引发强烈的反应时，你才发现自己已经承担了太多。最后你陷入了一个反复的循环：无法获取需要的自愈，会经历越来越多的压力，因为让你发怒的阈值在不断降低。最终，你发现焦虑感变得越来越严重，以至于仅仅让你在喝咖啡还是喝茶之间选择一下都会让你瞬间崩溃。

我们再次声明：聪明的自愈并不意味着只要躺在沙发上注意你的呼吸，困难的局面便会自行解决。正如你刚才读到的，那可能是一个最坏的选择。在这种情况下，你的大脑很可能精疲力竭，这意味着大脑的感性区域会暂时掌控“方向盘”，而它就像一个负面滤镜，会让你对刚刚经历过的事产生更多的消极情绪——如果你已经有了消极的想法，让它们偷偷潜入的门就大大地敞开了。

而且，如果你真的觉得坐在沙发上有点沉闷，那就更糟了。你看，无聊吸引负面情绪就像苹果吸引虫子一样自然。

综合各方面因素，我们应该注意，切忌让大脑的感性区域掌控太多。但也有例外时，如当你体验到了我们所说的“直觉感受”或凭直觉的想法时，这是一种由于经历过太多次类似事件，你已经不需要经过思考就知道该怎么做，你“只是有一种感觉”。但实际上，这种感觉是大脑的感性区域对反复出现的情况进行很多的理性分析后长期编程的结果。

除了倾向于负面解读外，还有两种原因解释了我们为什么要限制被大脑感性区域支配。第一种是大脑的感性区域喜欢即时满足，因为它只存在于当下。无法提前规划，它想吃饼干然后就买了，或者看到一家产品齐全的网店就买好一切需要的东西。大脑的理性区域悄悄地说：“你这么做，明天肯定后悔。”但这句话常常会被人抛之脑后，因为现在一切都感觉很棒，不是吗？

延迟满足的能力，给自己合适的满足感，是自我重新赋能方法中的一个重要环节，因为它迫使你的感性大脑冷静下来。稍后，我们将探索一些东西，称为情绪调节。当练习它的时候，你会收获颇丰，因为那将对你的生活产生深远的影响。

另一种应该让大脑的感性区域保持冷静的原因是它不关心它的结论是真还是假。这意味着如果你让它肆意运作，它会受到一种缺乏现实基础的情感状态的影响。如果这些情感状态碰巧也是消极的，那你就会感觉生活怎么变得如此糟糕。令人难过的是，如果你不专心自我疗愈，这些情况都会发生。你坚持在加满油门的状态下工作，大脑会第一个罢工。

如果你强迫大脑以最大的效率工作，而不给它任何机会自我赋能，大脑的感性区域最终会获得更多的掌控权。由于它的惯性所在，你会更能感知到环境中负面的迹象，甚至达到非比寻常的程度。这种行为，连同大脑感性区域倾向于去寻求确认它已经“感知到”的东西，足以引导你的想法陷入不幸的旋涡。

迷你、中等和加强型重新赋能方法

正如前面提到的，短期内大脑或身体的忙碌问题不大；相反，它们就是为此设计的。以血压为例，当去街角商场购买牛奶时，血压通常能保持在一个恰好的水平；但如果碰巧在制奶场被一只老虎攻击了,血压就不太会保持正常。如果你受伤了，大量出血，你的血压就会像漏气的轮胎一样下降。而一般来说，血压在这种骤降的情况下无法将血液输送到大脑，此刻大脑无法帮助你保持清醒，血液也无法到达用来跑（或跛）走的肌肉处。但是，如果血压一开始就比较高，则不会被压降削弱那么多。如果这样，那么你活下来的概率会更大。当你陷入压力时，血压会因此降低，以替代未来可能会发生的下降。这意味着有时高血压是很好的，当然它的效果也只是短暂的。

当你加满油门向前冲时，身体和大脑基本上处于高度准备状态。就像我们知道的，危险的情况会使你的身体分泌激素，你的身体会活跃起来，你的认知系统做好了准备处理危机，但这只能维持一小段时间。再重复一遍：关于身体机能很重要的一点是，它无法永久地处在过度活跃的状态。当身体进入短暂的加速状态时，如果你希望这带来益处而非伤害，就需要把这个状态与自我疗愈的时间交替进行。或许，接下来介绍的自愈技巧就可以用起来了。

由于被动自愈的效果并不显著，因此我们提出了重新赋能的方法。它主要属于主动自愈和休息时间两类。其实睡眠对自愈也有奇效，且不需要任何行为动作，睡眠就会自动为你赋能（话虽如此，但在这个时代，睡眠不见得是一件易事。当然，我们将在本章结束时更详细地聊聊这个问题）。

我们意识到，弄清楚什么时候应该寻求自愈有些难度。其中一个原因很可能是你不知道自我赋能实际上需要多长时间。为了更简单地说明，我们把重新赋能的练习按照所需时长进行分类，这将帮助你充分利用重新赋能的时间段，并将它们与你全身心的工作时间段融合起来。

迷你型重新赋能

把这些练习想象成注射一剂维生素。在结束之前，甚至没有人会注意到你正在进行一次小型的重新赋能（当然不包括你自己）。这些方法非常适合你在忙于其他工作的时候做。例如，凯瑟琳娜会在她等着水壶烧开的同时，做着一些简短的冥想练习。你很快就能了解到她是怎么做的，迷你型重新赋能的方法一般可能需要几秒到几分钟的时间。

中等型重新赋能

中等型重新赋能练习是在从其他活动里安排的中场休息时使用的，其中有一些需要定期重复，如每周重复，或根据需求重复。因为与迷你型重新赋能相比，中等型重新赋能需要精神上的专注，所以需要花更多的时间。一次中等型的自我重新赋能预计会消耗几分钟到几小时的时间。

加强型重新赋能

加强型重新赋能练习的时长无法估计，因为它们往往没有明确的结束时间点，实行一次加强型重新赋能的时长，取决于个人需要和具体情况。加强型重新赋能旨在提高你的意识，并提供在特殊情况下可以使用的工具。

请记住，痊愈通常不会自动发生。一个善于自愈的人会特意为它留出时间，不一定要花很多时间，有时候可能几秒钟可以了，但你要有意识地做出这个决定。

需要注意的是，不要把自我疗愈当成必须塞进日程表的事件。有时，你必须把自己的需求放在第一位，这样才能帮助别人。自我赋能，实际上和你对时间的掌控力有很大关系。在生命遇到困难的时候，你不太能得到需要的自愈，不过，大多数比较健康的人可以度过这样的时期，毕竟你拥有的资源通常比你想象的要多。但这是有限度的，而且最后，你需要照顾好自己，需要给自己时间。

事实上，你有两件事要做：第一是把自我赋能放在优先考虑的位置。从你读这本书开始，你已经在这么做了。

第二是要主导自己的日程表，并且腾出空间养成新的、良好的习惯。建议你一旦读完第五章，就把一些迷你型、中等型和加强型的重新赋能方法加入日程表。如果这样，你就已经开始行动了。

迷你型重新赋能

所需时间：几秒～几分钟

简短的冥想：1 ～ 5 分钟

作家兼冥想导师苏泽·雅洛夫·施瓦茨推荐了一种快速、简单且有效的冥想技巧。

坐下来，呼吸，开始专注于一点。可以专注于你的呼吸、一个词，或者一个物件。保持你的注意力，不要关注其他任何事。这样做会转移你的想法，帮助你放松。有时候，你会从所选择的对象中转移你的注意力。当你的思绪再次缠住你，把你拉回去的一刻，你会处在一片真空里。有那么一瞬间，你进入了一种纯粹的意识状态，并且绝对地存在于当下。一开始，你可能只能短暂地保持你的注意力，但重要的不是你冥想的时间有多久，而是你正尝试完全地存在于此时此刻。

你可以将这种冥想当作一个循环。当你意识到你的思绪重归你的大脑，试图将你从真空中拉走时（如突然想起我应该在回家的路上买好牛奶），你只是简单地允许这种思绪经过，而继续专注于你关注的事上，再次开始。以下是详细的步骤：

1. 专注。
2. 释放专注。
3. 悬浮在真空中。
4. 观察并接受任何蹦出来的想法。
5. 再次专注。
6. 重复。

有时，凯瑟琳娜觉得自己的想法是在背后暗算他人：固执或令人羞愧得让人很想大声说出来并把它们扔掉。她称这些伏击为“令人讨厌的回忆”。然而，苏泽·雅洛夫·施瓦茨已经证明冥想可以训练大脑让毫无用处的思绪仅仅路过，而不会停下扎根。

书写摆脱焦虑：2 分钟

你是不是突然焦虑于一些情况该如何处理？是的，失业可能会发生，利率也可能会继续上升。然而，你永远无法完全掌控自己的生活，所以花时间和精力操心这些事情毫无益处。但如果把情绪融入语句，并接纳它们，则可以帮助缓解焦虑。你可以通过认识与看到负面情绪来获得对它的掌控感。所以，下次你在担忧什么时，可以大声地说出来（或者把它写在一张纸上，或者写在电脑上，或者写在手机里）。接下来，思考你刚才说的话，是否真的如它当初在脑子里那般糟糕。

例如亨利，只要项目仍然悬而未决，比如还没有全方位完成时，他的心就会一直处于焦虑中。但只要一件事它可以被书写下来，只要需要做的工作和可能面临的阻碍都可以被明确，就更容易看清它的真实情况。

摇摆自己让自己接地：2 ~ 3 分钟

让自己从困难的想法中解脱出来的一个快速方法，就是重新引导大脑注意身体纯粹的感觉，就像你有时做冥想或练习正念技巧那样。下次当注意到你的头脑被消极的想法纠缠时，试着通过以下动作将身体“扎根”：前后移动重心，让自己从一只脚荡到另一只脚。闭上眼睛，当你来回摇摆的时候，关注脚趾、脚底、足弓、脚跟、脚的两侧、脚掌、小腿、小腿骨，最后是大腿。无论你需要多长时间，都尽可能真正感受和关注身体每一个部位的感觉。这样可以缓解负面或紧张的情绪，释放出需要的精神空间，从而找到更有建设性的观点。

在会议室演讲或者汇报调查结果前的最后几分钟里，你可以使用这个方法获得冷静和集中注意力，我们都能证明这是有效的。

那是什么声音？2 ~ 3分钟

在研究术语中，上面的练习被称为注意力分配策略。它们与正念中的某些练习非常相似，目标都在于实现一种活在当下的状态和意识。

另一种转移注意力的方法是聆听周围的环境，如在你出去走走的时候。新闻主播兼冥想专家丹·哈里斯建议人们应该这样冥想，即把注意力完全集中在紧邻区域的声音上。当然，我们不是建议你让思绪飘到在街上被滑板撞到的地方，或者膝盖撞到办公室走廊里的复印机时。其关键点在于，你总是忽略周围环境的很多噪声，如各种车辆噪声、说话的声音、散热器的嗡嗡声、鸟儿的鸣叫声、风的低语声。不过，你不需要试图弄清楚不同声音的源头，而是专注于聆听声音本身，这会让你过度活跃的大脑获得它所需要的停歇。

亨利经常这么做，特别是在他去吃午饭的路上，或从一个地方到另一个地方的情况下。你的日常生活很可能充满了类似这样你未曾留意的休闲时刻。

专注能帮助转移注意力：1 分钟

另一个摆脱压力的方法是将注意力放在外面的事物上。这是自我赋能方法里一种快速且隐形的方法，它可以应用于很多情况。例如，当你站在课堂中央无法离开，但你仍然需要放慢你的心跳节奏。此时只需默默地念出三个你在房间里能看到的物件，无声地描述出它们的颜色、形状和质地。这种情况下，极度活跃的大脑会从“战斗或逃跑”模式重新校准为更被动的“注意和描述”模式，而且帮助你重新控制自己的思维。

HALT：30 秒

我们都曾无缘无故地对某人大喊大叫，如在超市情绪失控了，或者只是崩溃了。没有关系，当这种情况发生时，不要对自己太苛刻。我们时不时也会这么做。不过，如果你问问自己为什么会这么做，你会收获很多。一个非常简单的好方法是使用 HALT 方法。

HALT（Hungry,Angry,Lonely,Tired）是饥饿、愤怒、孤独和疲惫的英文单词首字母缩写。每当你对自己失去信心，或焦虑于约会对象是否会喜欢上你，或对某人的白痴行为而异常沮丧，或发现自己正要开始写一封愤怒的电子邮件，试一试 HALT。

思考一下，确定你的消极想法是否由于以下一个或多个原因触发：最近进食正常吗？有足够的睡眠吗？有什么事情让你生气或难过吗？很大概率是有以上一个或多个原因导致生气。当你感到悲伤和被遗弃时，也许和别人聊聊天会让你感觉好些，或者你是时候享受一些美食了。

HALT是一种重新赋能技术，它将帮助你避免匆忙的、消极的反应，这有助于储存能量，并有助于纠正消极的想法。这样就能解决负面想法的源头问题，就能保持冷静，不再无来由地失落。这是亨利在维持人际关系时最喜欢使用的方法，他的邮箱里甚至有一个草稿文件夹称为HALT。当他脾气暴躁时，这是他在午饭前写下的所有电子邮件的地方；一旦他吃过午饭，他就回去把这些邮件清空。你可以对周围朋友介绍这个很好的方法——HALT。例如，凯瑟琳娜就告诉她最亲近的家人要时常为她准备一点零食以防饥饿，她坚持认为这么做对彼此都好。

给你的身体充氧：2×5秒

当你感觉能量储备不足时，可能是由于体内和血液里的氧气不够充足。你可能知道呼吸可以改善这个问题，但问题在于，当非常忙碌的时候，我们经常呼吸急促、短浅，因此无法吸入足够的氧气。即使我们认为自己的呼吸正常，其实也并没有将肺活量用到极限处。当人们提到呼吸时，通常关注在氧气的吸入上。但这个方法是指气体的呼出，即尽可能引导身体自动吸入空气，充满肺部。

首先，努力地从肺部挤出所有的空气。想象一下，把空气从腹部里挤出来：尽最大力气紧缩隔膜和腹肌，就好像在挤出最后一点牙膏，而且挤的越多越好——这听起来很费劲，但其实只需要几秒。你越能清空你的肺，就越能为新鲜空气腾出更多的空间。

当你觉得胃里已经无法挤出更多的空气时，就可以放松了。随后你无须任何动作，空气就会冲进肺里。你会注意到这时空气比“故意”吸入它时更能充盈你的身体。

再次重复一遍这个过程，确保自己做到位。

最大限度地摄取氧气能为你提供更多的耐力和精力，以及一个更有力、更清晰的声音。在你准备做一个汇报或者在公共场合讲话时，这是一个很好的技巧。

2006 年在 SVT（瑞典国家电视台）工作的亨利在一次参加电视节目主持人培训时学到了这个方法，他到现在依然定期使用它。

如果你不能积极地做这个练习，那么记住以下这一点也会对你有帮助：身体会自动吸气，但有时需要一些呼气方面的帮助。如果你觉得需要更多的新鲜空气，尽可能呼出更多而不是试图吸入更多，剩下的就交给你的身体吧。

享受于偷窥窗外：5 分钟

事实上，经常暂停会让你更有效率。你可能已经听说过睡眠周期，在周期中，我们的睡眠会在深度与浅度中来回交替。这个周期，或者说生物节律，也会在你醒着的时候影响你。你的大脑只能维持大约一个小时的专注力，一个小时之后，它需要休息一下。如果你强迫它继续工作，就会损害记忆力和学习能力——这个负面影响，你只需随意安排几分钟自我疗愈就能避免。例如，一堂课的时长为两小时，老师经常不明白为什么他们的学生在第二个小时就不能集中注意力了。其实这是老师的问题，他不知道学生们的大脑在很久前就已经怠工了。

我们究竟能保持多长时间的专注因人而异，不过这个时间一般在 60 ~ 90 分钟。因此，你应该在工作日里每一个小时里安排 5 分钟的时间只看看窗外。当你的同事在下午 3 点左右都已经精疲力尽时，你的大脑与身体，以及你的领导会在不久之后感谢你下午惊人的工作效率。

快速修复关系：1 分钟

任何你“就这么听之任之”的动作都可能让你抛下，

或者干脆放弃那些对你有意义的东西。例如人际关系，即使我们现在有比以往任何时候都多的联络方式，很多人仍然感到孤单。真的，也许这并不令人诧异。有时候，你会突然注意到,公共场合里身边的每个人都沉迷于智能手机，而彼此不交流。如果你从来没有注意到这一点，那可能因为你也是无法把目光从屏幕上移开的人之一。

这个问题值得注意。世界发展得如此之快，而与他人的相处是疗愈我们的最好方法之一。建立有意义的关系能让我们更踏实，更知足。然而，关系是需要维护的。幸运的是，有一些好的技巧有助于此。下一次你在咖啡机旁碰到别人的时候，可以说一声“你好”，问问他们过得怎么样，听听对方有什么要说（就像凯瑟琳娜有时向孩子们说的那样，尽管听起来就是陈词滥调：“你长了两只耳朵和一张嘴是有用处的。”这些天，一旦她说起这句话，孩子们就把两只耳朵都关上）。如果遇到他人时，你可以努力接纳别人，就不再需要在每一个人身上花费那么多的时间了。那么，你的人际关系，即你未来的幸福，都会得到改善。

幸福瞬间：20 秒

事实上，人们经常忘记享受一天里发生的那些令人愉悦的事，很少注意到太阳在凌晨也是那么温暖，或者店里播放着一段非常悦耳的音乐，人们的思绪始终在其他事情上。你其实拥有比你想象的更多的积极情感，所有这些“小确幸”都可以赋予你强大的能量，所以不要忽略它们。只要有什么东西让你感觉良好，就停下来，观察它是什么，停留在此刻。例如，有意地徜徉在一首歌中、一抹阳光里，或者任何事物之中，注意感受这让你有多么喜悦，让你多么富有力量。只有在感受之后，而不是你认为时间到了后，再去做你该做的事情。或者，你也希望再继续享受这个时刻，那么继续吧。

亨利是偶然发现这种技巧的，远比研究验证了其有效性要早。他的经历正如你在上文中读到的一样：一天早上，当他极度疲惫地从地铁站走出时，他感受到了这一年第一缕温暖的阳光照耀在他的脸上，一首最爱的旋律在耳机里播放，手中咖啡的味道也非比寻常。此刻，他的心中溢满了一种强烈而短暂的幸福感，这种感受是如此的强烈，他难以忽视。这满满的能量支撑他继续过好了这一天。其实，这些细小的幸福时刻处处可见。

找到扳机：5 分钟

巧妙的自愈也在于管理消极想法，让自己不要无缘无故地在它们身上浪费精力。

过度分析和想法消极往往是由一些特定的现象引发的，可能是遇到的一个人、一种情况，或是体内的一些变化。每当注意到自己在日常生活中感到担心或焦虑的时候，考虑一下是否有些事情已经碰巧引发了身上的这些负面想法和情绪。如果可以，找出它是什么，再把它写下来，这样就不会忘记它。

下一次当你意识到自己正处于一个会迫使你写下类似文字的环境里时，可以先发制人，如离开现场、结束谈话、改变话题或者只是调整姿势。这样就可以避免再被消极想法偷袭，从而为更重要的事情保留精力。

站起来：3 分钟

身体的微运动实际上也有很好的效果。重复简短，但只有 3 分钟的高强度训练也能达到持续两个小时的低强度的运动效果。加拿大麦克马斯特大学教授马丁 · 吉巴拉证明了紧凑而短暂的间歇训练对肌肉、耐力、心脏和血管都有帮助。瑞典人和英国科学家共同完成的一项研究表明，在一次 10 分钟的训练中，两次 20 秒的快速冲刺足以最大限度地增加身体的氧气摄取量。

所以，站起来，在原地奔跑，就像为你的生命而奔跑一样，做一些深弓步，并加入一些波比跳运动（波比跳运动是一种疯了般把自己摔在地上，再跳起来的运动），重复 3 分钟。这可能会让你一时不太舒服，但为了你的幸福，它是值得的。

如果你能让一些同事也加入你的行列，整个事情可能会多点乐趣，少点尴尬。在凯瑟琳娜以前工作的健康杂志公司，编辑们经常做一些他们称之为“日常锻炼”的事情。他们轮流做不同的练习，并且会一起做几分钟。

训练最好的效果将来自交替进行低强度长时间与高强度短时间的训练。低强度长时间的训练会促进组织生长，教会身体以最佳的方式燃烧脂肪。但如果只有 3 分钟的时间，那么做高强度的训练就可以了，只是你要竭尽全力去做。

中等型重新赋能

所需时间：几分钟～几小时

呼吸能量：5 ～ 10 分钟

我们从医学瑜伽中获得了这种快速自愈技巧。医学瑜伽教练和治疗师艾伦·恩格瓦尔阐述道，这种方法是利用呼吸、运动和心理技巧来帮助身体放松，进而帮助我们重新振作自己。

这种呼吸练习通过深深地将呼吸从腹部延伸到锁骨，伸展肺部与呼吸导管，从而舒缓身心。这种方法不需要在任何特定的地点进行，但我们建议不要在一个开放的办公室或教室正中央做，而是找一个安静些的地方。

仰卧，或坐在椅子上，全身放松，保持一只手捂着肚子，一只手捂着胸口。闭眼，把视线从眼皮后方集中在眉心，小心别让其过于紧绷。

在你的脑海中，随着呼吸的时间，重复念诵“吵喃”（satnam），吸气时念“吵”（sat），呼气时念“喃”（nam）。

“吵喃”的意思是“我是真实的”或“真实是我的本性”。该颂词是昆达里尼瑜伽传统上的用语，而医学瑜伽正是起源于昆达里尼瑜伽。该颂词不是什么神奇的咒语，但可以非常有效地帮助你察觉到呼吸节奏，进而专注于呼吸，不再沉溺在大脑的思绪里。

尽可能缓慢、轻柔、均匀地用鼻子吸气，使腹部从下到上灌满空气，继续加满空气，直到胸腔已满。朝着锁骨的方向向上拉伸，并吸入尽可能多的空气而保持放松。接下来，一边以相反的顺序关注身体的每一个部位，一边呼气，保持与吸气时同样的柔缓和节奏感。

首先，你的锁骨会降低，然后是胸部，最后胃部会降下来。呼气后暂停，等待下一次呼吸。你的身体会告诉你是时候呼吸了。

在每一次呼吸中，保持意识在当下，感受呼吸赋予身体全新的能量。

运用情绪管理：5 ~ 15 分钟

情绪管理，如心理学家詹姆斯·格罗斯所定义的，是自我赋能必须具备的重要的能力之一。情绪管理包括跟踪自己的想法，并注意到当它们开始充满负面情绪的时候，就使用认知技术替换它们。在这方面，大脑是你的盟友，它拥抱变化与新思想。当思考的时候，脑细胞之间的化学链接可以被拉伸和重新排列，使之更容易形成新的思维方式。大脑可以做到瞬时更新，这取决于它面临的工作和需求是什么。

但如果不能获得足够的自我赋能，大脑的可塑性就会降低，这会改变大脑的结构，随之你对情绪和理性区域的控制会减弱，这种状态会开始频繁出现。这时，你的情绪管理已经功能失调。同时，这也用另一种方式说明了你生活在对世界（和对你自己）的负面信念中，而那些信念都不是真实的。

无论如何，除了纠正负面情绪外，情绪管理对其他方面也很重要，它的影响远不止于此。额叶的功能不仅限于管理理性思考的能力，正如心理学家玛丽·安·努南所提出的，额叶也连接着大脑的奖励系统，当额叶被削弱时，奖励系统也会很崩溃（就像边缘系统偷走它的资源一样）。

因此，没有花足够时间去自愈的人经常会更改他们的原动力。当他们对一项工作不再感到满足或渴望时，他们就找不到适当的理由去做这件事。之前认为很有趣的事情也会变得很无聊。甚至可以这样说，他们完全失去了体验幸福或快乐的能力。这个时候，大脑的奖励系统会发生故障。

情绪管理的一个具体功能是，通过有意地激活理性的额叶，欺骗大脑的边缘系统，从而保持情绪的恒定。它们不仅是你理性思考的基础，也部分负责做出计划，抽象思考，并组织思维。试着给予大脑理性区域一项复杂的任务，如修改一天的计划、在日程表添加多个截止日期、弄清楚如何做一个棘手的任务，或者解一个数独（真的可以试试）。

大脑的边缘系统不会意识到你的秘密计划，并允许你这么做。当激活额叶时，大脑边缘系统会收回原本专门用于负面情绪的资源。一旦做到了这一点，你就可以沉浸于更多复杂的思考，而不用担心边缘系统会干扰你的计划。

如果这些听起来太抽象，可以想象大脑的边缘系统是一个 3 岁的孩子。如果你把 3 岁的孩子的注意力转移到她喜欢的任务上，“小恶魔”很快就会忘记他当时有多生气，以及为什么生气，并且专心去实现更有成果的目标。

认知重估：5 ~ 10 分钟

波士顿大学的心理学家大卫·巴洛注意到除了情绪管理外，你还应该使用认知重估，将资源转移到理性思考中。

当注意到自己对某些情况的消极反应时，应该做一个关于想法的小实验，试着对发生的事情做出不同的解读——一些不会导致负面情绪的解读。当感到不开心或有很多事情要做时，你很可能感觉世界没有善意地对待你。如果可以意识到你所相信的实际上只是你对现状的解读，这样就更容易重新引导你的情绪状态。与其因为你的朋友在公交车上没跟你打招呼而恼火，然后花一天时间来说服自己曾经做了一些愚蠢的事情或者是其他什么缘由毁掉了你的友谊，你可以重新评估情况，考虑她不跟你打招呼是否可能还有其他原因。也许她只是太累了，或者正在打电话，或者她只是没看见你。

在每一次发生这种情况时，你只需要意识到，可能还有其他原因——即使你不相信。随之，大脑的感性区域就会放手。

这是亨利最喜欢使用的方法，以防止不必要的负面状态，以及它引发的行为。帮助他人以这种方式思考也很有效果。一次在国外演讲后，亨利在拥挤的交通状况下坐上了出租车。在前方不远处，另一辆出租车拼命想冲出塞车的队伍，而这不可能，因为车队有好几英里（1 英里 = 1.6093 千米）长。亨利的出租车司机对这个不负责任的同事越来越愤怒。亨利意识到，在这样的交通中和一个愤怒的司机一起可能会很危险。因此，他对观察到的行为提供了另一种解释："你前面的同事可能是一个鲁莽的司机，但是对那个司机的行为有没有其他合理的理由？我们要经过一所医院旁边，也许他的后座上有个客户要生孩子？这看起来不太可能，但说不定那也是一种解释。如果你的乘客即将分娩，你也会这样急忙开车，对吗？”司机听后轻松了许多，脸上浮现出友好的微笑。

让你的焦虑晒晒太阳：5 ~ 10 分钟

缺乏足够自愈的一个常见的迹象就是过度焦虑。如果有焦虑的想法，你的大脑就会很有压力，因为它相信你的想法。为了抵消这种影响，可以把忧虑用语言表达出来并接受它们。别再对你的忧虑感到焦虑，你可以直接肯定它们，并且将它们看成一种情绪本身。要意识到，它们唠叨的不一定是真的。例如，如果在一个大型比赛前感到紧张，你可以这样想：“我很害怕我会在比赛中表现糟糕，即使这是一种不舒服的感觉，但我的恐惧根本对事情的结果一无所知；相反，结果最后往往会变得很好。”

一旦你已经控制了负面情绪，它就会逐渐被减弱，从而更容易产生平静的想法，使自己完全平静下来。

留出一些时间来担心：10 ~ 20 分钟

避免焦虑想法的一个很好方法就是特意去担心。这听起来可能比较奇怪，但它实际上很有效果。在一天中选择一个固定时间，让自己沉溺在担忧之中。选择的时间并不重要，但因为担忧并不是一件有趣的事，所以把它安排在一些可能给你带来积极能量的事（如见见朋友、享受午餐等）之前可能会比较好。

为设定的时间设置一个提醒闹钟。在这一天的其余时间里，每当担忧的想法出现，不管它是关于什么的，只需简单地把它推到一边。当闹钟响了，准备好尽情地担忧！花10 ~ 20分钟考虑所有可能出错的事情，不放过任何你能想到的问题，真正地去担心一切吧！如果你没有很多事情需要担心，挑战一下焦虑感："来吧！还会出现什么问题呢？被解雇只是一个开端——也许我会住在桥底下！还有什么吗？"

这一段焦虑的时间结束后，你会发现焦虑的想法不会再像以前那样影响你了。这样做的原因不是它们走了，而是你现在可以控制他们，而不是无助地让它们摆弄你。

凯瑟琳娜常常觉得自己是一个擅长把美好生活弄成噩梦的资深专家，她有高超的能力把事情想象得极度糟糕。例如，火车上明明提供了食物，但以防万一火车坏了，食物也没有了，她只好带上盒饭；女儿咳嗽了，她认为可能是肺炎的征兆，也许最好熬夜看着她；我们真的要让会游泳的孩子在没有充气臂带的情况下下水？你知道她是怎么想象的了吧？为了最大限度地减少这些痛苦的灾难性想法，凯瑟琳娜学会了用这种方法来抑制焦虑，直到最后决定把它释放出来。

奖励自己一个很棒的体验：4 秒～ 4 小时

在忙碌的日常生活中，人们很容易忘记把最感兴趣的事优先排在必要任务之前。然而，只有沉浸于非常享受的事情才能为人们补充能量，从而在其他充满压力的环境下工作。

全科医生伊娃·埃斯马克和斯文·奥德林注意到，许多感到有压力的患者会因为如此努力却难以有足够的时间完成所有任务而感到沮丧。这些故事的一个共同点是，患者常常把生活中所有的乐趣都从他们的生活中移走，只留下他们的责任与义务。他们放弃了看足球比赛、和朋友共进晚餐，或者在合唱团唱歌，即他们已经放弃了所有的积极自愈！

与之相反，亨利倾向于这么做：脑子里带来压力的事情越多，他就越需要有乐趣的事情来补偿。尽管这听起来很奇怪，但你几乎总能找到时间放松，其中需要做的是，有勇气来明确你的优先事项。

波士顿东北大学的克里斯汀·李整理了一份清单，清单中包含她认为对自愈有益的活动，并且这些活动不需要过多帮助，只需身体自身的感官。以下只是其中的几个示例，但我们认为你会懂得要点所在：

- 放声大笑。
- 努力锻炼 / 工作直到汗流浃背。

· 获得一次性高潮。

· 给予或接受一个大大的拥抱。

· 深呼吸。

· 去听音乐会。

· 唱歌、跳舞或演奏音乐。

· 小心地啜饮一杯热茶或咖啡。

· 舒适地阅读一本好书。

· 做瑜伽。

· 花时间陪孩子。

· 做一件使你进入心流状态的事。

· 和一个许久未见的朋友聊天。

做一些运动：20 ~ 55 分钟或更多

在工作日来临前，虽然亨利更享受在深夜喝一杯酒而不是清晨来到健身房，但他还是选择了去做后者，因为这为他带来了惊人的赋能效果。凯瑟琳娜也很喜欢锻炼，每次锻炼结束后，她都会感觉到自己精力充沛。

我们想再次强调高强度体力活动的好处，它们能帮助调节各种身体激素的分泌，如皮质醇和肾上腺素。在开始锻炼的时候，体内的皮质醇水平确实会上升；然而当开始放松下来时，皮质醇会下降到比锻炼开始的时候还低。如果能养成定期锻炼的习惯，一个额外的好处将是皮质醇水平不会每次都上升那么高，甚至会在之后下降更多。只要运动时非常专注，身体就可以达到专家级别的恢复。

运动和走动都对你有好处，无论你是做低强度的运动，如瑜伽或散步，或是高强度的运动，如跑步或拳击。最常见的缺乏运动的理由就是没有时间或者金钱。然而，这两个障碍都是可以克服的。关于时间，我们前面提到，3 分钟的高强度锻炼就能产生很大的效果。当然，多样性的运动是最好的，这样能坚持更长的时间。所以，我们一起坐下来核查一下日程表：

· 有没有一段时间，在早上、午餐时间或下午，可以运动？

· 周末看起来怎么样？

· 有没有什么可以取消或重新安排的事项以腾出时间来锻炼？

至于金钱，这里有很多不需要健身房卡的解决方案：

· 你家附近有公园或步行道吗？

· 你能在工作场地或家里走走楼梯替代电梯吗？

· 你能骑自行车吗？如果不是去办公室，那也许去超市？

· 你可以把车停得稍微远一点，多走几步路吗？

· 你有喜欢和你一起跑步或散步的朋友或家人吗？

最后，你应该选择一种在你看来具有趣味性的运动。选择喜欢的运动会让你感觉不那么辛苦，而且更能坚持新的日常习惯。

正如前面提到的，凯瑟琳娜有一群每周共同进行几次新兵训练营锻炼的朋友，朋友的陪伴会让训练更有趣。亨利也热衷于拳击。即使你像凯瑟琳娜所说的“沙发上的肥胖症”一样，如果有人在等你，你就很难找到借口逃掉一次训练，因而有更多的机会去坚持运动，而与你一起锻炼的伙伴通常会成为你的外界榜样。

学习新事物：30 分钟或更长时间

学习新事物是一种很好的赋能方法（事实上，你现在就在学习）。新的研究表明，学习新事物，不管系谱学还是跳探戈，都能帮助你掌握有价值的技能。

当你接受并试图跟上新事物时，无论跳着探戈还是任何挑战，大脑都会开始练习解决问题。当你怀着刚刚建立的自信在舞蹈室翩跹起舞时，你的情绪很快就会被积极地推动起来。学习让你感觉到自己的成长，从而把自己看成一个不断进步和学习的人，而不是一个能力有限的人。关键是，它可以给你一个积极的缓冲，让你更好地管理生活中不可避免的压力。

乌普萨拉大学的一篇论文揭示过，对精疲力竭尚需康复的患者来说，认知训练，就是当学习新东西时会发生的训练，能够改善记忆力和注意力，并伴随一系列积极的效果。

凯瑟琳娜在紧张的一天后玩儿了一会“糖果传奇”的游戏，孩子们可能会嘲笑她这是一个愚蠢的决定。然而，并不是。在游戏中，她需要找到最佳办法把不同颜色的糖果匹配在一起，尽管难度不大，她的大脑仍然得到了一些解决问题的练习机会，她的自信心也在获得游戏高分后得到了一个不错的提升。

当你开始在日常生活中有学习新事物的机会时，花时间处理挑战对你来说会更加容易。学习能够增加大脑的弹性，让我们面对充满压力的工作日。当一个挑战性的任务出现，而且需要被添加到已经满满当当的日程表里时，你可以告诉自己“这会是一个困难，但也是可以学习新事物的机会”，而不是“讨厌！还有更多的事要做！我能应付得了吗”。当与他人合作时，你也会学到更多。问问你周围的人，他们是如何解决某个任务的，而你们都会得到一个一起成长和自愈的机会。

建立控制：1 小时

没有什么事情能像感觉自己无法控制生活一样耗尽精力。如果你觉得自己没有足够的控制力，可以自己培养这个力量。例如，练习一种爱好、运动或其他一种你已经觉得自己有点熟练和有些擅长的活动，可以是滑雪、搭建一个鸟窝，或者为慈善机构筹款。向大脑证明你可以完全掌控自己所做的一切，并且你为你的成就感到自豪。这种感觉会流动到一些你不那么有自信和安全感的场景中。

休闲的午餐时间：1 小时

在休息时间计划一些有趣的活动是一个不错的主意。可以将待办事项清单上必须做的事情和一些不那么令人兴奋的事情交替进行。如果早上有一个会议，下午还有一堆要批示的发票，在这期间做一些有趣的事也许是一个明智之举，如和一个很久没见的朋友一起吃午饭（这同时能增进你们的关系——当你能同时使用几种自我赋能技巧时，效果是最佳的）。

当你要做的事情越“艰难”或无聊时，为自己增添一些能够补充能量作为平衡的活动将越显价值。

加强型重新赋能

所需时间：时长不限

成为你自己——停止竞争，感觉更快乐

前面我们提到了 FOMO，即害怕错过所有“其他人”都有的乐趣。有了适当的自愈，就能重新站稳脚跟。一定要提醒自己这个基本事实：你正在自己的人生旅程中，如果你做得对，路途应该和别人的不一样。走自己的路不是脆弱，而是一种力量。

其实，尽可能少地与他人比较是很容易做到的。考虑一下你实际需要的是哪个社交媒体，以及为什么使用它。你是否使用脸谱网与某些亲戚保持联系？那很好——只要你使用脸谱网主要是为了联系亲友这个作用。如果你的工作确实真的需要推特网（Twitter），就在后台保持这个应用程序。你需要思考的是，你是否真的需要频繁地翻阅照片墙应用？你是否可以删除色拉布应用（Snapchat）？当你选择和别人一样在社交媒体上分享自己的生活时，你应

该明白，社交媒体上是一个经过大量剪辑的真人秀节目，它与现实生活几乎无关。

与你的想法保持距离

即使不让大脑的感性区域来控场，我们的想法大多数时候也与不安全感和消极有关,不要觉得只有自己会这样，其实这是一个很普遍的现象。

人类的进化已经让我们的身体不会在无关紧要的东西上浪费能量，而消极的想法正好就会消耗大量的能量。那么，是什么理由允许它们存在？事实上，即使是最黑暗、最困难的情绪也有它存在的理由。恐惧可以使你对威胁保持警惕，并激励你逃离它；愤怒有助于身心的自我保护和自我防御；羞耻和后悔刺激你下一次做出不同的选择，避免负面的行为模式；悲伤让你退出与他人的互动，这有助于你保存能量。换句话说，你的消极想法实际上是大脑在试图保证你的安全。

当这些情绪和想法出现时，试图抵制它们是非常困难的。事实上，这几乎是不可能的。因此，最好还是接受并学习与它们共处，并向它们学习。

然而，与之共处与向之屈服是有区别的，允许自己有这些情绪并不意味着应该被它们控制。所以，与你的想法保持距离非常重要。记住这一点：它们只是想法和情感，而不是现实。在保持情绪的理智上，能记住这一点比多数重新赋能技巧的作用都大。

前面提到了亨利的焦虑症发作，那时他认为自己马上要死于心脏病。在有意识地专注于身体的感觉，并弄清楚发生的事情后，他开始从其他角度来看待这种压倒性的负面情绪。这些情绪影响了他理性的思考，尽管他焦虑不安，觉得自己快要死了，但他意识到它们仍然只是想法和情绪，它们没有以任何方式反映出现实世界。他焦急的想法是凭空想象出来的，他当然不会死。与其试图抗拒这种体验让情况变得更糟，亨利选择面对它，而不管它是多么漫长和令人不快，从而减缓了他的焦虑症发作。

大脑的联结，更多是从感性区域导向理性区域，即大脑本身的结构偏向于情绪。所以，你总是会有情绪，包括全速生活带来的痛苦情绪。但如果愿意体验它们，如果能看到它们的本质，就会更习惯，因为这能让它们看起来不那么可怕。与其让情绪成为生活中压力的来源，不如管理好它们。正如我们之前建立的巧妙的自愈方法并不总是指某些特定的任务，它也可以指正确地运用能量。

当意识到自己有一个消极的想法时，可以通过养成改变思维的习惯来实践这一点。你应该想着：“我现在正在想的是，我很恐惧自己无法做不到这一切”，而不是想着：“慌了！我永远也做不到这一切”。

只有做到了这一点，你才能考虑这个想法是不是合理的。

运用人际关系

你可能还记得在迷你型重新赋能方法里的快速修复人际关系。这一次，你有机会以更深入的方式使用相同的方法。

他们在你低落的时候给予支持，在你迷茫的时候给予鼓励，即使看起来前途渺茫也希望你的未来更好。他们甚至不需要主动做些什么，你只要知道他们在你需要的时候待在那里就足够了，因为这样你不会孤单。

如果你拥有的是良好的关系，那么这是事实。

当有目的地建立良好的人际关系时，你也会让积极的情绪感染周围的人，这可以防止消极的想法散开。良好的关系会让你感到被承认和欣赏，使你更好地思考，更好地表现，更好地工作，以及提升你帮助他人的能力。

生活在一个旋转得越来越快的世界里，我们常常觉得自己没有足够的时间给彼此。我们低着头继续前进，徒劳地希望没有人打扰的话我们也许能按时完成一切工作。这样的生活是一个灾难性的错误。当你的环境无法提供给你积极的反馈时，你很快就会失去灵活性、耐心、幽默感，还有好脾气。如果不花时间和别人在一起，你会错过重要的认知，甚至可以说这会让你更愚笨。而且，你花在别人身边的时间越少，就越难以相信你遇到的人，更多地错过在与他人的相处中所能汲取的能量，而你的能量会在补充前耗尽。所以，如果你认为很难有空与他人社交，这反而表明你应该有意识地努力社交了。

如果你找不到时间去陪伴的人是重要的亲友，你更应该这么做。定期安排见面，或每人在每晚留出 30 分钟什么也不做，只是互相交谈（花在一个人身上 30 分钟的时间似乎太多了，但它真的值得练习）。这听起来可能不那么浪漫，但我们认为其实这种行动很浪漫。几乎没有什么能比得上在周一的早上醒来知道你周六有个约会的感觉，无论你们已经在一起 10 年还是 10 个月。另外，养成一个经常和别人交谈的习惯，而且不被电视的这一类声音干扰，恰好是让浪漫关系持续下去的秘密之一。

如果你没有和任何人谈恋爱，那么你可以和朋友做与恋爱活动相同或者差不多的事情。确定一个时间去散步，相约喝杯啤酒，或沉浸于一些有助于促进交流的其他社交活动里。你也许会认为朋友们不善于保持联系，所以经常由你来提出一个计划。奇怪的是，每个人都有这种感觉。唯一的办法就是咬紧牙关，然后拨打电话。

如果你没有那么多的老朋友，那么可以结交新的朋友。例如，应用我们提到的重新赋能方法，如学习新事物。可能有些东西你很想尝试，但还没有实践过，如报名参加凯尔特人历史课、滑翔伞或其他有趣的课，那里会有很多人和你志趣共通，这意味着即使你们相互不认识，也能与彼此畅快交流。

从某种程度上说，在关系层面里跳出固有思维模式思考是很有益的。除了你的朋友和家人，生活中还有其他积极且有意义的关系，可能是一首你最喜欢的音乐、一个从小在那里长大而处处充满回忆的老游乐场、一处精心照料的花园，还有一个你喜欢待着的角落、一项帮助你忘记所有的运动、一本翻来覆去无数遍的书等。只要是你真正有感觉的事情，就会给你带来充沛的疗愈力。

亨利可以证明，生活中几乎没有什么东西能比把自己关在演播室里几个小时制作电子音乐带来更多的力量。虽然他常常在做完后忘记保存，但那不重要【凯瑟琳娜想透露，亨利的一些歌曲可以在声田（Spotify）和苹果手机上下载，在那里他的署名是帕勒尔】。

少用电子信息

现代人都相信通过电子邮件或手机短信进行交流，和在房间里面对面交流没什么不一样。的确，数字通信是一种极好的交流途径，但大多数有意义的交流都会有情感的链接，所以最好亲自与人面对面交谈。当需要讨论一些复杂的问题或解决一个冲突，或者有些好玩的事情值得庆祝一下时，见面总是更有帮助的。人与人之间的误解和不必要的苦恼往往比大多数事情消耗更多能量，即运用正确的方法沟通其实对精神自愈非常重要。

通过电子邮件、短信和社交媒体进行交流最终可能会耗尽大量的精力。发送电子邮件可能效率更快，但面对面的方式更易于解决问题。也许你不太习惯见面，那么尽可能勇敢一些。从提高自愈力这个角度看，与人见面交流是一个更轻松而巧妙的技巧。

面对控制力实事求是

尽可能培养一些能力帮助自己抵抗突如其来的诱惑，如前面提到的一项能力——保持控制力。当谈到自我赋能时，努力把时间和精力集中在能改变的事情上是至关重要的，离开那些无法企及的事情。基本上，你应该以这样一种方式来指导努力的方向，并获得相应的回报。

如果你认为自己能控制一个结果，但实际上却不能，这会让你产生挫败感并耗损能力。例如，当你自己设定了一个不合理的目标，结果却不按计划那样发展的时候，你会很恼火。在最坏的情况下，你可能会对无法控制的事情感到内疚。

巧妙的自愈意味着无论你多么渴望，你都不可能每次控制最终结果，你也不能控制别人的想法和做法。例如，你不可能控制全球经济、国家政策、天气如何，或在变化无常的就业市场上对工作经验的需求。

不切实际的控制模式会造成压力，而切实的控制模式会产生理智。如果你能分辨出两者的区别，就能得到有效的重新赋能。通过聚焦控制某一个过程而不是结果来帮助自己。除此之外，还要只专注于自己努力的成果，而忽略其他人的做法。例如，如果正在装修房子，你可以重点学习所需材料，学习如何创建一个现实的蓝图，以及那种看起来合理的框架，即控制那些可以控制的过程。然后，你会发现，都是因为今年的霜冻提前了一个月，所以整个建筑工程停滞不前而无法完工，只好等到春天来临，而这不是你能控制的。

或者，如果有机会帮孩子们组织一次学校郊游，你可以鼓励自己成为一个有条理的人，或许日程安排有很多不确定的事件，但你已经请求了所需的帮助。你知道这次郊游一定会成功，即使可能会有一些小意外，或者可能需要再打一个电话给青年旅行社。在职责范围内，你负责好了自己的本分工作。如果此时有一个毫无秩序的家长选择把事情搞砸，把孩子送到了得克萨斯州，而本来的地点是法国巴黎，你知道这只是超过了你的掌控范围。

不要把注意力集中在考高分上，专注于尽可能地学好知识和准备好能准备的一切。

不要把注意力集中在得到一份工作上，专注于发送申请和及时更新招聘网站的个人资料。

通过关注过程而不是结果来保持自愈。

盘点身体能量流

习惯可以成就你，也可以摧毁你。例如，血糖和胰岛素会受到饮食和运动习惯的影响（胰岛素可以调节血糖，如果胰岛素失去平衡，人的心智能力会受到影响，抑郁的风险也会增加）。

因此，应花点时间研究你是如何获取和消耗能量的。医学博士米修·斯托罗尼已经表明，如果花很多时间坐着，摄入超过身体所需的卡路里，就会削弱体内胰岛素效率的39%。无论如何，这不会比好好饮食形成胰岛素的效率要高。如果你调整好饮食，只摄入身体需要的卡路里，但仍然保持很长的时间坐着，则你体内的胰岛素仍然会削弱 19%。

换句话说，运动量大小非常影响胰岛素的水平。只要坐得太久，胰岛素效率就会降低 1/5。即使坐着耗尽所有的精力，也是如此。

你想知道什么因素会导致胰岛素抵抗（胰岛素不能再完全地发挥作用），那就是在一天中静坐 16 个小时。这是真的，不管你多么年轻和健康。过去的研究已经明确，胰岛素在对情绪的调整和对现实的把握方面起着非常关键的作用。

换句话说，如果你不想让自己那么容易沮丧和麻木不仁，或者思考能力受到损害，就应该保证正确的运动和饮食习惯。

值得一提的是，我们已经总结了关于这一方面的具体操作。在接下来的内容中，我们提供了一些简单的技巧以激活你的身体，你也可以学习更多关于饮食和营养的知识来养成新的生活习惯。如果不太了解这方面，可以学习碳水化合物、卡路里、蛋白质、脂肪和糖对身体的影响，并考虑每种食物的合理摄入量。

放弃完美

许多人总是不切实际地极力在各方面追求完美。高成就者或许能这么全方位完美，但其实所有人都表现出某种程度的完美。尽全力当然是好的，精益求精才能激励我们努力——

它能帮助你想出新的、创造性的解决方案，并达到你所想象不到的成就。为了让你健康地奋斗，那就只能单纯地奋斗。当完美主义变成一种额外的需求时，它就会变成引发负面情绪和愧疚的来源，而不是动力的来源，特别是在你缺乏自愈的情况下。

完美主义者倾向于犯两个致命的错误。第一个错误是："一切都不太稳定，生活就像一股龙卷风，会有很多我无法控制的重要事件。因此，我需要尽可能地把脚埋在沙子的深处。那样的话，我就能控制一切，而不只是随风而逝。"

然而，在暴风雨中挺直腰板可能会使你崩溃。如果不能保持灵活性，调整期望以适应情况，总是要求事情朝着你希望的方向发展，那么就是在以一种不健康的方式给自己施加压力。

完美主义者倾向于犯的另一个错误是为他们的自我形象设限，即他们只有在达成成就的时候才会喜欢自己。但问题是，他们永远不会认为自己在某一方面已经做得足够好。

完美主义者的另一个危险是永远不会开始做他想做的事，因为他一直在等待完美的时机。或者，如诗人与作家鲍勃·汉森所说："我们不肯直接坐下，反而花时间打造一个更好的板凳。"

完美主义会给人们带来精神和身体上的伤害。心理学教授佩尔·卡尔布林对此进行了大量研究，他研究了学生的完美主义和自杀想法，并确定了某种类型的完美主义者，即那种感觉自己做得远远不够的人，更有可能纠结于自杀的想法。

要拥有真正的自我良好的感觉，你需要把“事情可以做得更完美”的想法转变为“有些错误也无妨”。如果觉得呼吸急促，那是因为你总是要表现出难以置信的高水平，即使你成功了，仍旧不满意——你希望自己不去麻烦别人。现在，深呼吸，把你那不完美的答卷交出去吧。例如，平常你都会为家庭晚餐准备一大份沙拉，今天为什么仅仅清蒸了一盘西兰花呢？如果有人问你，深呼吸并解释（向他们解释，且更像是对自己解释）：“这样就足够了。”

反其道而行之，寻找自己的路

有效重新赋能的关键，是从外部角度来观察自己行为的能力。注意你所做的，然后做出相反的行动，这样你就可能会找到一种方法把自愈融入生活中，从而建立一个正向反馈循环。简单来说，就是去做那些疏于留意的，而限制那些过度重复的事情。

另一种反其道而行之的方法是降低标准。如果你总是花几个月的时间去找一张匹配自己品味且拥有完美灰色的地毯，或是总要保持一个无比整洁、别致的家，以及在工作中过度积极的表现，如果以上情况都符合你，这里有个很好的建议（或是挑战）：你可以偶尔给任务降低一些要求，或者告诉同事你改天再完成他们需要的报告。

然而，如果你倾向于通过坐在沙发上吃着薯片来面对紧张的情况，或者等着任务清单上的事项自行解决，你可能会发现深呼吸和直接动手完成任务更有作用。

如果工作环境对你的要求很高，并且涉及多种社交互动，那么在忙碌了一天之后，你可能不再需要一场晚上与朋友的聚会。

同样，如果现在习惯久坐，那么你可能需要在生活中进行更多的锻炼。但是，如果你是一个热衷于锻炼的人，在日程上多增加一次训练未必更有益于自愈。

也就是说，以相反的方式思考会让你更好地对待自己。许多人急于前进，而不顾自己的能量是否充足，最终会形成消极的自我印象，他们会对自己产生消极的想法和太多的评判。反其道而行之，对自己有一些慈悲心，这样能安抚你的身心。想想现在是什么让你感觉很好，以及什么对你是有价值的，给自己一个明确的答案（如果浏览一些工作邮件或者摄入过量的酒与冰淇淋是让你感觉良好的事，那你可能需要再考虑一下）。

保持有规律的睡眠

你还记得凯克伦德的四类自我疗愈吗？他认为，自我疗愈可以分为主动自愈、被动自愈、睡眠和休息时间。在同一章中，我们还讨论了为什么被动自愈并不总是值得花时间去做，因为它很少会产生有效的作用。

因此，本章的重新赋能练习主要属于主动自愈和休息时间两类。当然，睡眠是第三重要的类别，同样值得重视。我们决定把它留到这一章的结尾细说，因为相比于另外两类，睡眠某种程度上可以自行运作，这当然也取决于你能否得到充足的睡眠。根据压力研究所的海伦娜·席勒所言，睡眠深度似乎比睡眠时长更为重要。这意味着即使有天睡得很晚后还需要早起，你也不需要担心——只要这不是经常发生，因为你可以在当晚入睡后进入深度睡眠来补偿。然而，对许多人来说，这也有些困难。所以接下来会介绍一些改善睡眠的练习，这些练习的额外好处是最大限度地帮助你在白天恢复身心健康。

睡前放松

为了重新赋能实现最大化，应花一些时间慢慢放轻松，尽可能给自己真正的休息。也许你需要的是调整呼吸。很多人在开始睡觉后，大脑里的思绪纷飞，这种紧张的状态会让身体系统将自身配置为清醒状态，让人感觉到很难放松并昏昏欲睡，或者即使真的入睡，那也是浅度睡眠，会很容易一早醒来。这会导致一个恶性循环，因为过于紧张会导致较低的睡眠质量，睡眠质量低又会让人更加烦躁，反过来又导致更加难以入睡。

调整睡眠的一种方法是深呼吸，它可以使身体冷静下来。试一试在早上和晚上做 10 次长长的深呼吸，你肯定会注意到改变，并打破恶性循环。

设定闹钟

睡眠问题之一与对所有事情的焦虑和担忧有关，这使我们严重倾向于在上床睡觉后，检查电子邮件或脸谱网订阅的信息。对于有这种倾向的人来说，买一个闹钟是一个简单而有效的方法。如果把手机彻底放在卧室外面，就不会情不自禁地在入睡前和早起后立刻浏览令人紧张的工作邮件了。最重要的是，你会有更多的时间陪伴身边重要的人（如果有这么一个人的话），这能帮助你们两个人补充能量。

记录下来

如果你经常深夜醒来担心所有还未完成的事情，一个好主意就是用纸和笔写下明天要做的事，或者脑袋里任何事。一旦将想法安全地记录在纸上，你就会更容易继续睡觉。亨利从 2008 年就开始使用这个技巧，在无数个夜晚，他感谢这个方法让睡眠质量变得更好。

去露营

人类的天性是在天黑的时候入睡。人类起源于山顶洞人，并且生物系统已经进化到适应了日光。充斥着人造光源的现代生活很容易打乱我们原本的睡眠节奏，而在大自然中度过几天能帮助我们恢复平衡。当我们在日光下，尤其是在白天的时间里，我们的生物系统与日出日落保持一致，当黑暗开始降临时，我们自然变得疲倦，这一点能帮助我们入睡。

所以，如果你已经有一段时间睡眠不佳，甚至睡眠节奏有所改变，这里有一个很简单的解决方法。约翰·亚克索森是压力研究所的教授和睡眠领域研究员，他领导的一个研究小组发现，睡眠节奏紊乱可以在为期几天的大自然露营中康复。

丢掉平板电脑

人造光扰乱身体节奏的一种常见现象就是晚上看平板

电脑或智能手机。以色列科学家亚伯拉罕·哈伊姆表明，电子屏幕的光有一种特殊的蓝色色调，这种色调对睡眠质量和持续时间都有负面影响。光和黑暗给身体发出信号，告诉它何时产生睡眠褪黑素。当夜晚降临，我们准备入睡时，体内的褪黑素水平通常会升高。然而，蓝光抑制了褪黑素的产生，使人难以入睡。数字屏幕的历史仅仅 20 年，我们内在的山顶洞人还没有学会如何正确地适应它们。基本上，在平板电脑屏幕蓝光的照射下，大脑很难意识到现在是夜晚，是入睡的时候了。

尝试自我催眠

如果你有睡眠困难症，可以试试下面的小窍门。当你第一次阅读时，可能会觉得很复杂，但实际上，这是一个快速且易于做到的方法。贝蒂·埃里克森是这个技巧的创立者，而她的丈夫米尔顿也是现代催眠疗法的创立者。贝蒂的方法有时也被称为“321 法”，可以看出她是一个人类精神的深度探索者。

当你躺在床上的时候，试试下面的方法：

1. 观看房间里的四个物体，每一次看一个。对你看到的每一个物体，对自己默默地说“我看到 × 了”。

2. 倾听四种不同的声音，每一次听一种，把它们记下来。

3. 感受并承认四种不同的身体感觉，如身体感受床单的感觉、一阵气流等。

4. ①重复步骤 1 ~ 3，但这一次将注意数量改成三个，而不是四个（如果只能重复前面注意到的物体，也没有关系）；

②重复步骤 1 ~ 3，这一次将注意数量改成两个，即两个你能看到、听到和感觉到的；

③重复步骤 1 ~ 3，只注意一个你能看到的、听到的和感觉到的。

5. 闭上眼睛。

6. 做你在 4 ③中所做的同样的事情，即注意一个你能看到的、听到的和感觉到的。但现在你的眼睛闭上了，所以你需要去想象，重要的是要把注意力依次集中在它们身上。

7. 重复这个过程，这一次想象两个你能看到、听到和感觉到的。

8. 重复这个过程，这一次想象三个你能看到、听到和感觉到的。

9. 重复这个过程，这一次想象四个你能看到、听到和感觉到的。

如果你在这些步骤中没有入睡，只需重复步骤 7—9，直到再也无法保持清醒的状态。或者，放松一下，让你的思想飘忽不定。即使这个练习不需要很长时间，它也很容易让大脑疲倦，然后什么也不想做，最后睡着了。

或者，这至少是一种模板。喜欢使用这个方法的亨利承认他自己不知道整个过程是什么时候结束的，毕竟他经常在第 7 个步骤前就已经睡着。

以上这些方法可以使每个人受益，我们建议所有人都能尽快开始经常运用它们。

还有其他一些重新赋能的方法在这里没有列出，因为它们的效用因人而异。接着，你的下一步计划就是制定个人的重新赋能体系，属于你的终极赋能将是那些最契合你的生活方式的总和。

为了找到适合你的方法，我们必须从识别你的行为模式开始，即一种你进入忙碌状态就会陷入的模式。进入下一章，让我们一起来找出这些模式！

真|实|案|例

姓名：杰西卡

年龄：41 岁

职业：中层管理人员

“这绝对让我思绪纷飞。”

作为一个资历丰富的中层经理，杰西卡习惯于做出抉择。所以，每当事情闹得不可开交的时候，她会坚持下去。直到有一天，她再也做不到了。

“那年 11 月里，我至少每天去办公室洗手间哭一次。我的哭泣有可能是以下原因触发的，如一个会议结束后，我发现收件箱里多了 30 封紧急邮件；或者 3 个人在我的办公桌旁期待着我对一些事情立即做出回应。我会微笑，快速地做出决定，然后跑到洗手间小小哭一场。然后我会擦擦脸出去，继续工作更长的时间。”

杰西卡努力地提高她的工作效率，并从她的日程表上划掉那些不必要的事情，如吃午饭。最后，她无法坚持了，她突然意识到自己已经无法再做出决定了。

“星期四早上，我坐在那里，盯着一封电子邮件。最近一个星期我睡眠质量很差,甚至整个秋季都睡得很不好。下午，我开始哭，一直停不下来，于是就回了家。第二天我试着在家工作，但我一打开笔记本电脑，眼泪又夺眶而出。”

第二个星期一，她像往常一样去上班，然后在9点之前就去洗手间哭了3次。

她向领导说明情况，领导让她这一周都在家休息。这一次，她所需要的只是得到一些适当的睡眠和更好地安排优先事项。例如，她补充说道，她在日程表中保留了一些自愈时间，并在领导的帮助下减少了一些工作量。

“一旦我的睡眠得到保障，并把我的工作依次安排好，我就能够重新回到工作岗位。但这样的情况确实让我深思。”

第三部分

为你量身定制的元气自愈计划

第六章

识别你的行为类型：“成就者”“照顾者”“拖延者”

不同行为类型，决定你如何为自己有效赋能

在第 77 ~ 89 页中做的测试，帮助我们核查自己已经得到了多少自愈。你所需要的重新赋能，很大程度上取决于你在日常生活中无论是工作领域还是个人生活里的奋斗程度。但是具体需要哪种重新赋能，一定程度上取决于你的生活方式。简单地说，不同生活需要的自愈也因人而异。

我们接触过的心理学家和医生，如心理学家兼作家博迪尔·温伯格（也是凯瑟琳娜的妈妈），她解释了人类有三种可识别的行为类型。人类倾向于陷入这些行为类型之中，以管理生活中的各类要求。

这些行为类型分别被命名为：成就者，希望自己拼尽全力完成工作；照顾者，把他人的幸福与自己看得同等重要；拖延者，总是耐心等待解决方案的出现。问题是，这些行为带来的压力往往比它们所减缓的压力更多。因为人类是复杂的，这三种类型某种程度上在我们身上都存在，但通常其中一种类型占主导地位。这意味着它不仅控制着我们的行动，也控制着我们的思想。因此，它也是我们性格中的一部分。

理解这三种类型中哪一种最能代表你的压力反应方式，以及你身上的这三种类型的特征是如何搭配的，都是巧妙自愈的必要步骤。

三种类型

这三种行为类型，是我们用来面对周围环境的一种无意识策略。基于这些类型，我们在压力下也能有一种安全感。这本身是一件好事，但问题在于，这些行为类型背后关于世界是如何运转的信念是有瑕疵的。瑕疵之一，就是你坚信那些对你提出的要求都是客观存在的真理。如果你不能实现这些要求，周围的人会失望，你会不及格，或者家人会恨你。当有人对你提出要求，或者更确切地说，你对自己提出要求，尤其是不切实际的要求时，坚信这样的理念是有问题的。在这个理念下，一个本该让你感到安全的行动反而会产生不安全感。

在更深的层面上，这三种类型是一种不合格的对普通焦虑的反应，在某种程度上也是我们每个人都经历过的。这种现象非常普遍，甚至被赋予了它自己的心理学术语——冒牌者综合征。心理学家保琳·克朗斯和苏珊·艾姆斯在20世纪70年代提出了该术语。冒牌者综合征是一种会在任何时刻出现的感觉，感觉你周围的人最终会意识到你并不像他们认为的那么伟大。

由于一遍遍地重复同样焦虑的想法，你也没有去寻找实际的解决方案，随之大脑的感性区域接管了一切。在你发觉之前，想法就开始从“怎么能阻止这种坏事再次发生？”变成了“我为什么那么一文不值？”——这样的思绪很容易让人陷入焦虑。

这些思绪漩涡不仅会损害你的健康，也会伤害人际关系。我们很少有人有精力去一遍遍地倾听重复发生而不去解决的问题，最后事情会变得很糟糕。例如，有一次亨利在他不那么富有同情心的时候告诉一个朋友说：“嘿，你已经就你的工作问题抱怨了三年，我真的不想再听了。在你有能力做些什么改变处境之前，我都不允许你再提到工作了。”

亨利至今仍坚持认为这个告诫是有必要的，但即便如此，这对于需要滋养的关系来说也不是最好的说话方式。

即使你不认为自己是一个忧虑者，超乎能力的压力也永远会出现。因此，这三种模式让你不再一直处于担忧之中，而是试图去处理它。

幸福、生活质量和成功不是静态且显而易见的状态，它们会随着时间改变。有一天你感觉良好，另一天感觉不那么好了,那么你的生活质量会不断随着低潮来临而变化。不过,了解事物的本质并不容易。因此,我们总是这么思考:只要拿到了学位证书，就一定会获得巨大的成功；只要这个项目完结，一切会归于平静；只要换一个工作，就会满意了；只要花费四个小时精心烹制晚餐，孩子们就会爱你。

这三种不同的类型，就是我们在压力下容易陷入的行为类型，它们代表着非常不同的行为，但共同点是：倾向于对现实产生类似的、过于简化的结论。

类型一：成就者

成就者渴望能充分利用生命，害怕错过有趣事物的焦虑让成就者不断向前奔跑。成就者总能充分意识到生活提供的一切，并且有“信息强迫症”的倾向。

这种行为类型的人经常听到这样的话：“我不明白你怎么有时间做好每件事！”或者“你难道不需要休息吗？”在一个成就者的耳朵里，这些话听起来像是恭维，因为成就者享受着他们的肾上腺素激增，总是渴望有更多的经历、更多的成功，还有更多激动人心的机遇。基本上，成就者非常渴望过上成功的生活，每一次的成功经历都进一步增强了他们的自信。

不幸的是，任何成就都无法提高他们的自尊心，在所有这些成功的背后，他们的自尊心往往仍然相当脆弱。自信是衡量我们认为自己能表现得有多好的一个方式，而自尊是衡量对自己的基本看法，比如你有多重视自己。当缺乏自尊心时，我们常常试图通过建立信心来弥补，这就导致很多成就者让自己承受了许多近乎非人的压力。

当然，并不是所有成就者的自尊心都很弱，他们有可能是一个奋发努力的人。而且，即使是不安全感促成了他们的成就，成就者往往因为努力工作而变得成功并受到表扬和特殊待遇。这样做的不利之处在于成就者往往会对太多的事情说“是”，试图在日程里安排满满的任务，而无法留出时间来自愈。

尽可能以最佳的办法去做好每件事的渴望，会像潮汐一样袭来，让成就者焦虑、紧张和不安。例如，每当凯瑟琳娜有很多事情要做的时候，她经常说：我恐怕进入了“仓促失误模式”。

这种状况，你肯定不想遇到。

讽刺的是，成就者尽管有狂热的动力，有时也不能达到他们理想的成就——至少不是在职业领域。不少研究显示，那些经常加班的人工作效率会降低，会失去他们的创意灵感，并且精疲力尽。这意味着，如果你工作努力的程度已经超过了职位对你的要求，或者如果你牺牲了丰富的兴趣爱好而奋斗于学业，你可能要看看自己实际上有多少时间是在高效工作的（如果你是自由职业并且工作时间由自己决定，这一点就更加重要）。即使你非常热爱工作，也会收获甚少。不进行自我重新赋能会带来健康问题。

由于成就者的自信往往被用于弥补稀缺的自尊心，因此他们常常患上前面提到的冒牌者综合征。他们一直生活在恐惧之中，害怕自己明显的短板会暴露在世人面前，这驱使他们更加自我批评，然后把自己推得更远。如果一个人是最优秀的，那么没有人可以批评他。然而，总有一个人比他更好，或者可以变得更好，他们就绝不会放弃对自己的高要求。

类型二：照顾者

对照顾者而言，安全感和安定感主要来自他人的认可。

关心他人的需求是他们的一个必备能力。如果我们没有相互照料，人类很早以前就灭绝了。然而，照顾者的同理心有时候会过度，并且总是担心他人的看法。这使得照顾者不善于拒绝和设置界限，进而承担太多，或者勉强自己做不情愿的事情。

照顾者是最先出现并做好准备乐于助人的人，并且会留到最后，直到他们帮助收拾好一切，活动完全落幕为止。对别人都试图保持距离的事情，照顾者却不知为何总是在提供“志愿者服务”。照顾者不会介意帮助别人完成工作，尽管这将带给他们更多职责以外的义务。

大多数照顾者并不介意帮别人一把，但在某些情况下，他们其实享受做一个总是要牺牲的人。在那种情况下，他们的享受带有侵略性，这不会有助于他们自我赋能。这种时候，照顾者走来走去，心里愤怒地思考着“为什么这么做的总是我？是否有一次能是其他人……”。然而，这些想法他们从来不明说，他们只是继续做着他们眼里属于别人的工作。

照顾者经常听到这样的话：“在我需要的时候你总能出现在我身边”或者“你真的是一个热情好客的人——即使是在别人的派对！”照顾者将这些言论视作他们是受欢迎且很优秀的证据。但是这类为他人承担过多的人总会害怕失去他人，至少害怕失去他人的认可。所以，他们像操心的老鹰一样观察所有他们不想惹怒的人：他们的领导、家人，以及朋友，有时甚至完全是陌生人。他们唯一忘记照顾的人就是自己。

他们会有这样的行为，原因多种多样。在关系里，照顾者通常害怕说出或设定一个边界，担心惹得他们的伴侣不满。当你觉得自己要对伴侣的情绪负责时，那么他们能否保持开心就突然是你的义务了。这会让你做不想做的事，如承诺一个旅行计划或者买一个大的物件，或者因为伴侣的工作而搬家。这些不一定是坏事，但如果这有违于你的需求，它们就会带来烦恼。照顾者认为自己必须要对一切负责，他们的行动都是为了确保其他所有人都快乐。他们告诉自己所有的关系需要妥协，他们做出的任何让步都是出自真爱的行为。但事实上，那更多是因为内心深处害怕自己被抛弃的恐惧感。

当你因为害怕某人生气而同意了某件事，当你因为不想被孤立而做着所有人都在做的事，或当你不希望自己显得没用而承担了并不能胜任的任务，你就在使用照顾者的策略，以保自己安全无恙。人们都倾向于自动逃避对负面评判的恐惧，这对大多数人来说是一种不愉快的感觉，在很多场景下它影响着我们的行为。但如果你是一个极度的照顾者，看到这种情绪就非常重要，即使你自己也没有意识到。

类型三：拖延者

虽然“拖延者”看起来可能暗示着反面含义，但拖延者是一个一丝不苟的人。如果知道一件事情值得做，拖延者就会好好做。拖延者知道，大多数事情需要做好准备，他们不喜欢被意外的惊喜弄得手忙脚乱。总体而言，这是一个很棒的态度。与成就者不同，拖延者可以花很长时间耐心地等待最好的时机到来，再去完成一件事。

问题是，世界并非以这种方式运行，天时地利人和从来不会每时每刻发生。也就是说，拖延者会因为害怕或者担心事情变得困难，而倾向于什么也不做。

我们时不时也是这样，特别是当遇到棘手的情况时。一个最自然的，也是最适得其反的对压力的反应方式就是试图逃避它。即使最好的解决方案是去面对它，我们也不会这么做。

认知行为疗法，简称 CBT（Cognitive Behavior Treatment），是一种克服此类困难的最受推崇的疗法。这种方法是基于这样一种想法，即病人按照框架逐步在困难面前暴露自己。这个方法经常很有效，然而，有意地让自己陷入苦恼是很难的，因为人们下意识想要逃跑。这要求你努力在事前处理好无法面对的情绪，即使不知道即将发生什么也能坚守住自己的决心。

拖延者的问题不是他们的懒惰，而是他们想要绝对的确定性。麻烦的是事物瞬息万变，他们觉得有必要去把握每件事情。最后，生活中的一切对他们来说都是一种威胁。与其拼尽全力地生活，然后处理好糟糕的事，拖延者宁愿终日思考着接下来会有什么事情发生，最后导致什么都不做。

从表面来看，拖延者的生活可能过得很愉快，充满了热水沐浴、大量的阅读和深度的冥想，但他们的内在并非如此舒适。正如前面所说：人们宁愿做点什么而不是什么都不做。还有，如果想要得到什么的欲望被压抑了，就会失去面对生活的能力。最终，拖延者会不知道该从何处开始了。

然而，拖延者都是聪明人，他们知道未完成的事项表并不会自行完结。这种了解本身就是一种压力的来源，在他们体内不断地翻腾。这反过来，似乎让行动的门槛变得更高了。拖延者面临的挑战不仅是激励自己行动，他们更需要踏踏实实地去做。有时，这可能不像表面看起来那么容易。

正如在本章开头提到的，这三种类型基于我们在某种程度上共有的性格特征。我们有时都是照顾者，有时又是成就者，而在星期天的晚上，全世界几乎都是拖延者。正如前面所言，渴望以最大能力完成工作或想要关心他人可以作为强大而积极的驱动力。当然，有时候轻松一下也是很好的。然而，当这些行为类型成为长久的生活方式时，问题也许在于内心有着深深的匮乏感或恐惧感。

我们为每个类型推荐了一个重新赋能方法的具体清单，如果你觉得自己与这些类型中的其中一种非常契合（本书作者——亨利和凯瑟琳娜都是经过认证的成就者，除了非常消极而忽视所有的那段时期），可以把它们珍藏起来。

识别你的类型：一个简短的指南

你可能已经知道这三种类型中哪一种最适合描述你，但如果不能，可以阅读以下题目并考虑你对他们做出什么回答。虽然这些事情没有完全明晰的定义，但我们认为你会发现自己更符合其中一个行为类型。一旦你读过所有的陈述，你就应该把所有的答案分数相加，并找出自己最接近哪一种或哪几种类型。

1. 当你必须处理一个特别苛刻的任务时会发生什么？你是否经常表现完美，或者竭尽所能完成任务？你接受它是因为别人需要你完成，以及你是否在着手任务前很忐忑，甚至觉得难以开始？

完成这个句式：当我在一个爱好或一个项目上练习或工作时，我为了……而做。

(1)……改善我的成绩或更进一步。

(2)……因为一个朋友把我拖进去了，我不想让他们失望。

(3)……如果有，改天吧——只是想想我要做的，就让我很累了！

2. 你可能经常完成日常事项而不把它变成一件“事情”，如烹制一次不错的晚餐。但你是否打算在这样简单的情况下也要超常发挥呢？或者做一些别人会喜欢吃的东西？还是说做晚餐这件事对你来说有点难呢？

完成这个句式：我吃的……

(1)……很好。我做的食物是精心准备的，美味而有营养的。

(2)……是别人想要我做的食物。

(3)……是外卖、冷冻比萨或其他易于获取的食物。

3. 你白天做多少工作？你是否经常加班以完成所有的工作？你是否经常因为承担了别人的任务而导致自己有过

多的额外工作？或你是否无法完成预期的工作量，因为有时候难以着手行动？

完成这个句式：我工作是……

(1)……在办公室处理了很长时间，但回家后还要花很多时间。

(2)……超过规定的办公时间，因为我经常要留下来帮助同事们。

(3)……需要我做很长时间心理准备之后才能开始。我有很多任务，所以我不知道从哪里下手。

4. 休息是一件好事，但说实话，你真的有时间在一天的工作中不断抽空休息吗？还是会一直坚持下去直到工作按时完成？或者说会帮一些人做事？或者会休息很长时间？

完成这句话：休息……

(1)……是我没有正当理由就不会做的事情。我是在电脑前吃午饭的，我觉得这没什么。

(2)……是我很想要的东西，但我通常不知什么原因而无法实现。

(3)……是必不可少的，所以它们通常会持续很长时间。

结果

那么，你做得怎么样？

如果你大部分回答了 (1)，那么你可能是一个成就者。你行动，所以你存在。你总能比大多数人找到时间做很多事情。在多数情况下，你都能完成得很好，尽管你的成果不一定如别人那般让人信服。有时，你会停下来想应该抽空给自己恢复的时间，但又很快告诉自己这要等到下一个项目完结后。

如果你的答案主要是 (2)，这暗示你是一个照顾者的类型，你重视他人的需求甚过于自己的。你能为别人着想是很体贴的，社会需要像你这样的人。但如果你有精力继续做一个体贴的人，你要记住时不时地给自己补充能量。

如果你的答案主要是 (3)，这暗示你是一个拖延者，你有很多事情需要做，但又不知采用哪种方式才能获得最大的成功，而且不确定怎么开始。然后，你大部分时间都用于坐在沙发上思考，而不设法补充能量。行动的门槛可能看起来很高，但一旦开始了，就能做到很多事情，这对自己和他人都很有价值。

如果你觉得这三种类型中的一种很契合你，上述问题中的行为可能会对生活造成影响，而你对此不太舒服，也许你需要做一些自我反省，并腾出时间在生活里进行更多的重新赋能。正如我们所说的，这三种类型的行为类型确实能在一定程度上帮助我们，但是模式背后的低价值感、对被抛弃的恐惧，或者对事物过度的控制都是有害的。我们将在第七章中介绍重新赋能的方法，并有效地管理这些行为。但无论如何，如果你觉得有需要，一定要毫不犹豫地寻求专业的帮助。

巧妙的自愈需要特定的意识和实际的工具，并且当压力来袭时，你能够从工具包中挑选需要的方法。而现在你需要做的是，请继续浏览下一页吧。

真|实|案|例

姓名：约翰

年龄：39 岁

职业：市级中层管理人员

“我以为是肿瘤。”

约翰几乎没有时间好好吃饭，锻炼身体，也没有时间陪伴家人，工作消耗了他所有的注意力，直到他被救护车送到了医院。

“工作中冲突不断，媒体就未来会发生什么写了一系列大都很尖锐的文章。我们会在晚上召开紧急会议，在白天解决冲突,在该过程中我们还必须不断延伸和改变进程。我没有时间吃饭，所以我在忙碌中把快餐扔了。我也没有时间健身，没有时间陪伴家人。而且我头痛得厉害，还似乎越来越严重。最后，我不能坚持下去了。我开始担心这可能是肿瘤，于是我去了当地的诊所，他们用救护车把我送到一个急诊病房。他们在那里做的扫描没有显示出任何东西，谢天谢地。但我觉得身体给了我一个明确的信号：让自己的身体好好自愈，不然……”

经过一段时间的病假休息后，约翰决定彻底改变他的习惯。他的工作仍然像以前一样要求很高，但他不再被其控制了。

“我开始打包午餐，我在电话里开会，所以我不必在办公室待到很晚。我还会慢悠悠地骑很长时间的自行车，在这个时间里，我用得到额外的时间去思考重要的决定。”

如今，约翰感觉好多了，他又高兴起来了。自愈是他日常生活的一部分，他已经很久没有头疼了。

第七章

元气补给站：迷你型、中等型和加强型赋能

轻松选择最合适的赋能方式

成就者、照顾者和拖延者都是一种态度，而非严格的定义。我们访问过的临床心理学家和内科医生都表示，这三种行为类型明显地描述出病人的性格特征，但我们未发现有任何定量研究讨论了这个主题。

我们在这一章中提供的方法和工具，可视为帮助你进行工具选择的辅助工具，如果你感觉自己与其中一种类型特别符合，可以重点关注它；如果没有，请随意结合这些方法。怎么选择都由你决定，你是唯一能改变自己生活的人。

成就者　通往更轻松生活的道路

从本质上说，想成事、见成效是非常好的。但如果对自己提出过高要求，问题就会出现。危险的是，你最终可能会努力在生活的每一处追求成功，不管是保持良好的身材、吃得很棒、最成功的事业，还是装修最完美的家。在最坏的情况下，你甚至会这么思考："我的结果如何，我人就如何。"

为了使你在彻底崩溃之前打破这种模式，在非结果导向的活动中寻求自愈是非常有必要的。

成就者的迷你型重新赋能方法

检查你的想法：10 秒

作为一个成就者，你一直试图保持紧张的节奏，以至于在没有确切需求的时候也会给自己压力。你太频繁地以最大能力安排日程，最终发现时间并不够用，即使实际情况可能有足够的时间。当这种情况出现时，你会盲目地消耗精力。例如，有一天你坐在公共汽车上，担忧自己可能会开会迟到。你也许会迟到，因为坐公交车要花很多时间，然而，这一段时间用在有意义的事情上比用在担忧不愉快的事上更好。避免掉入这种担忧的方法就是对自己的思维有所觉察，把“我永远都无法准时到达”的想法替换成“我现在想的是我因为无法及时赶到会议而倍感压力，这个想法真的太消耗我的精力了”。

这就提醒你，你的想法只是一个想法，而不是需要自动回应的东西。即使这些想法是真实的，即使你可能真的会迟到，但你可以考虑一下最坏的结果是什么。有人会死吗？会不会导致灾难？你会发现，会议比预计的时间晚了5分钟才开始，可能并不会导致如此令人担忧的后果。

即使这个练习几乎不消耗任何时间，但也需要定期练习以达到最好的效果。在时间上，你会建立一种新的思维模式，从而让你自动执行这个反应。

保证休息时间：5分钟

不管我们终日忙碌着什么，休息一下都是很必要的。成就者常常不花时间去做这种事，但这本书读到这里，我们认为你可能已经意识到是时候改变了。如果不可以自然而然地休息，就安排好休息时间，如通过智能手机设置提醒或者与同事预约某个时间在咖啡机旁见一面。如果你的工作日程表会被他人预定，就应该把日程表变得满满当当以阻止他们的安排。你需要的是把休息时间视作与其他任务一样重要的事情来放进日程表里，因为它们确实同等重要。

尝试正念：90 秒

与其他许多人相比，成就者有时从些许的被动自愈中获益更多，如躺在沙发上看会儿电视；或者做一些适当的、温和而积极的恢复，如正念和有意识地关注当下的练习，即有意地注意此时此刻发生的事情。这并不意味着你应该评判现在经历着的，应该做的是观察并向自己描述正在经历的事。有意识地训练当下的专注力和意识，以提高影响现在的能力，而不是总把注意力放在过去或者未来。

我们应该承认，成就者经常会发现冥想和正念这种活动相当无聊。但正是因为这个原因，他们可能更需要它。当你像凯瑟琳娜一样，发现自己宁愿做 20 个波比跳而不是做 10 次深呼吸时，就证明了仅仅存在着就是一个特别好的方法。正念不是一场竞赛，你赢不了什么。当你练习正念时，你会专注于存在，而不是专注于正在做什么。

所以，该怎么做呢？试着舒服地坐下来，挺直背部，放松你的肩膀，注意你的呼吸是如何进入和离开身体的。感觉空气从鼻子进来，从鼻子向下移动到喉咙，进入胸口和胃，然后又回到同样的地方。继续跟着你的呼吸，如果你有一个想法，不管内容是什么，承认它，并把它放在一边，专注于你的呼吸。就这么做 90 秒。

成就者的中等型重新赋能方法

散步：45 分钟

散步，在很多方面对人们有所帮助。首先，当进行低强度运动时，身体会被激活，并把消耗能量的风险降至最低；其次，体内的内啡肽会开始分泌。如果担心工作电话会在散步的时间内打扰你，那就把手机留在家中。

散步时间可以安排在早上、上班前、午餐时间或者晚上，重要的是你确实行动了。然而，作为一个成就者，你应该避免规定自己一定要走得多么快、多么远，只要你的身体处于舒适的节奏中就足够。

日程修正：10 分钟

对成就者来说，清扫日程表非常重要。但对任何能给你带来活力的东西，一定要记得留下。看看你的下一周，考虑待办事项清单上的每一项任务，看看是否有任何不需要你完成的项目，也许你可以删除它。对列表中剩余的每个任务，请询问自己：

这很重要吗？

这到底有多急？

对这项任务，什么样的完成水平就会让其他人（而不是你）满意？

例如，也许你不必为一次野餐聚会烤 15 个小馅饼，带上外卖比萨也不错。

好好锻炼：30 分钟

错误的锻炼方式伴随着错误的目的，很容易成为压力而无法帮助你自愈。

这并不是说成就者不应该锻炼，而是指你需要用正确的态度，用正确的方法锻炼。首先，应该放下对自己的所有期望，享受锻炼，并感觉良好。如果一周做几次新兵训练营训练，那很好，但应该提醒自己这么做是为了好玩，而不是为了向他人证明自己多棒或者打破了什么纪录。尝试以这种态度思考："我是最后一名，但我不在意。"

另外，在单纯考虑运动量上要注意投入了多少精力。如果你喜欢非常剧烈的体力活动，应该尝试将它与低强度的训练交替进行。由于你野心勃勃的天性，你容易把事情做过头。轻松地训练吧，多多去散步、慢跑，或者试试瑜伽。

按摩：30 分钟

预约一次按摩。是的，你确实有时间。皮肤接触能够降低体内应激激素的水平并导致心跳减慢，并激活大脑中与奖励系统有关的区域。

大多数人会觉得温和的抚摸能让人身心愉快、舒适和放松。

事实上，所有让你感觉良好，对你来说似乎有意义的活动，无论是手工、园艺、会友、运动、拥抱树木、睡觉还是瑜伽，都会触发体内的催产素分泌，这反过来又可以提供充足的自愈。

成就者的加强型重新赋能方法

单任务模式

我们生活在一个人们越来越频繁地尝试多重任务的世界里，我们同时做很多事情，不能停下来，并集中注意力，分辨现在什么才是最重要的。我们一边看 YouTube，一边补习考试，最好还有一只耳朵听着以高速模式回放的有声读物。或者，我们在回答同事疑惑的时候还在写着工作邮件，并且心不在焉地提醒大家15分钟后有一个重要的会议。

我们的世界不断地被数字图像充满，我们的生活不断地被打扰。对许多人来说，我们甚至不能在办公时间内处理最重要的工作任务，而要等到其他人都回家了才能有时间处理。在法国，他们出台了一项法律来防止人们在空闲时间被迫接收工作邮件。但是，如果在家里等待意大利面煮好的过程中处理几封电子邮件也是很顺手的，对吧?

不过，你仍然要为你在同一时间内最多处理多少事情立下规则，把多任务模式变为单任务模式。做好计划并确立优先次序，这样就可以在一个时间段里完全专注一件事情，而且这么做会更有效率。当你试着同时做几个任务时，通常什么都做不成。单任务模式会让人更放松，有更大的控制力，以更高的质量完成工作任务。与多任务模式相比，每次只完成单任务对大脑来说容易多了，而且当安排了自我赋能的时间后，你会知道这个时间内你只做这一件事。

照顾者　如何通往更轻松生活的道路

对照顾者来说，少做一些纯粹为别人而做的事情是非常重要的。如果有人让你执行一项不属于你的任务，你接受了他们的建议，因为帮助别人完成他们没有时间做的事情让你感觉很好，你承担了更多责任之外的事情。你的同事让你帮他查点东西，你同意了；你孩子的老师问有没有人能做家长会的记录，并注视着你，你又同意了；随后，老师需要一个志愿者作为班级的家长教师会代表，你又同意了……莫名其妙地，你也不知道为什么，身上就背负了许多责任。如果你一直把精力消耗在别人的事上而不是帮助自己，接下来的方法可以帮助你改变这种情况。

照顾者的迷你型重新赋能方法

谁在问？30秒

当然，有时候你应该帮助别人，互相帮助是人类社会的基础之一，但这并不意味着你需要在每一次会议上都作为记录者。

每当你要接受某个任务时，在你同意之前请暂停几秒，问问自己这样做是否真的出于内心的意愿？它会帮助你达到目标吗？它是你个人优先考虑的事项吗？如果不是，想想你这么做是否因为这是别人想要你做或期望从你那里得到的，或者因为这会有助于实现他们的目标。对自己要绝对诚实。如果你只是为了别人在做，或者你希望他们喜欢你，那么是时候开始练习说“不”了，别再总是提供志愿服务。

其他人不是你的责任：5秒

在过于担心别人的想法之前，先考虑一下，大多数人投入多少时间关注他人而不是自己？你需要克服自己心中要对所有人负责的信念，毕竟这个信念会带来很多不良后果。例如，你可能很难放松（身边总有人需要你）、决定一件事（可能有人会处于劣势）、塑造自己的见解（万一别人不同意呢？），然后总是担心健康和经济（如果我不在这个地方了，别人该怎么办呢？）。这都会让你变得过于筹谋和过度保护，甚至把你变成控制狂。

从现在开始，你应该想："我只对自己负责。"

如果你重复这个想法的次数足够多，它的意义会日益明显。然后你会发现，即使你放手一些事情，灾难也不会来临。

这实际上是一种结合了迷你型自愈和加强型自愈的方法。重复这句话只需要最小的力气，却能带来最大的回报。

放弃控制：20 秒

当你只是为了确保安全而正要编辑短信或打电话给某人时，思考一下，你是否只是想要保持对局面的控制，从而给自己安全感？在同理心与控制欲之间有一条明确的界限，与其花费精力过度关注你爱的人们，不如设想他们都非常安全——只要没有明显的信号表明他们有所不安。

随着音乐摇摆：3 分钟或以上

在训练中，听音乐的运动员相比不听音乐的运动员会感觉训练更轻松一些，他们的脉搏和血压保持得更低，血液中的乳酸量更少，而且去甲肾上腺素的水平更低。按照瑞典斯德哥尔摩大学压力研究所名誉教授托雷斯·托雷尔的说法，音乐基本上是非常有益的。无论是你在工作通勤的路上，还是去学校的路上，听音乐都能对你有帮助。无须再义务性地和喋喋不休的亲戚聊电话了，来，戴上耳机，在回家的路上听着你最喜欢的歌曲，给身体一些自我疗愈的时间。

照顾者的中等型重新赋能方法

通过他人激活自己：1 小时

你是不是喜欢健身，却因为总是在帮助别人而很少去健身房？下棋是你最喜欢的事情，但你是不是因为从来没去过而没有续约俱乐部的会员？找一个你如果取消预约他就会失望的队友吧。如果他人对你有所期待，你会更容易坚持下来。当你使用这个办法时，你的强烈的同理心此时就起到了作用。重要的不是你使用的方法，而是这件事给你带来了快乐与好处。

优先级测试：10 分钟

首先画一个正方形，把它分成4部分，其中左上侧写“重要”，左下侧写“不重要”，左列标为“紧急”，右列标为“不紧急”。接下来，将待办事项列表中的每一条组织到各个框中，即归为以下类别：“重要且紧急”“重要而不紧急”“不重要而紧急”“不重要且不紧急”，确定你所承担的任务是否真的属于“重要且紧急”。也许向别人的紧急需求妥协是一件容易的事情，但那对你并不重要。查看日历中是否有任何任务其实是属于别人自己的责任，看看能不能把责任归还给他们。如果做不到，至少现在你会意识到，有些任务是你下一次可以不再应允的。

	紧急	不紧急
重要		
不重要		

列出生活事项：10分钟

这个方法能减少你总是不满足的感觉。把你为朋友、孩子、你珍视的人、家人和同事所做的事列成一张清单，要完全诚实地列出哪怕最细微的事——只有你能看这张清单；再列一张清单，列出你为了照顾自己做的事情。再看看哪个清单更长。

如果你为别人做的事情的清单更长，那么这就是一个明确的证据，证明你为别人做的事比为自己做的事更多。你没有必要为别人做得更多了。其实，你可以尝试少为别人做一些事情，以平衡清单之间的差距。相信我们，一切都会好起来的。

如果你为自己做的事情更多，这对一个照顾者来说不太可能，但这并不意味着你是一个自私的人。考虑一下，为自己做的清单上的项目是否也使你成为一个更好的伴侣、父母、朋友或同事？这有很大可能。既然如此，就没有理由因为把自己放在优先位置而感到内疚。

照顾者的加强型重新赋能方法

不要跳过有趣的东西

在讲到主动自愈的部分时，我们提到了有些人是怎么摒弃他们生活中所有有趣的事情以完成他们的工作，然而最终导致身体出现问题的。这对照顾者来说是一种特别常见的现象。当你丢掉那些只为自己而做的活动，如自我疗愈时，只会让效率更低。这将导致付出得更多，以弥补无法全心投入的地方；而你要补充的自愈空缺越大，你要继续承担的责任也会越多。这从长远来看难以持续。

现在是时候停止这么做了。当飞机里的气压骤降时，你首先应该为自己戴上氧气面罩，然后帮助其他人。同样，每日的生活也是如此。下次你考虑取消和朋友们的约会，不去看电影，不去健身房——停下，再考虑一会儿！首先，你可以和自己协商，把和朋友咖啡之约的时长缩短一点，或者把一小时的健身时间改成 30 分钟，反正不要完全取消这些活动。

你越习惯于给自己一些乐趣，那么你能够留出的时间就越多。

拖延者 通往更轻松生活的道路

正如前面提到的，拖延者并不懒惰，如果有什么值得做，他们就会好好做。通常，他们面临着一堆事情无法动手去做，因为那些事情堆在一起仿佛是一个无法克服的挑战。他们所有的能量都用在了担心如何经营他们的日常生活，以及应该如何解决生活的问题上。最后，他们认为最好的办法就是视而不见，什么也不做。通过将以下方法添加到他们的自我赋能体系里，拖延者可以更好地恢复状态。

拖延者的迷你型重新赋能方法

继续行动：3 分钟

如果避免主动行动，就会丢掉积极行动的习惯，而且不仅是在执行方面，也包括如何解决行为产生的后果方面。这样会让你难以接受，所以宁愿什么也不做，毕竟你不知道后果会如何。拖延者非常喜欢逃避，以至于最后陷入一个由于担忧、焦虑而什么也做不了的循环中。

因为大脑需要少量的肾上腺素和皮质醇来激活，所以我们拼命地寻找一些东西来刺激自己，不管这些东西多么微不足道。矛盾的是，这样做之后，拖延者会体验到他们的生活充满着巨大的压力和困难，尽管他们其实什么也没做。

为自己设定小的、可实现且可管理的目标，可以帮助你摆脱这个恶性循环。例如，可以把一副一直摆在那里的画作挂起来，或者洗个碗。

列一个清单，列出 10 个类似这样的简单任务，然后每天做一个。如果有一天你没有精力了，那么你可以在列表里再添加一个简单任务作为替代。将任务写下来并执行它，你的大脑会认为你完成了许多件事，这转而又能提升自我评价。有意识地养成行动的习惯也能让你不再那么害怕行动的后果。

改变思维模式：1 分钟，或者时间不限

如果仅仅专注于确定的事情，那么当你忙碌时，就会错过所有美好的惊喜和事件。所以，每当你发现自己在想什么，如“我必须仔细计划每一个可能发生的事情，因为如果我不小心，就可能会发生不好的事情”，应该停下来，纠正自己，将想法改成“不管我多么严谨地规划，未来总会有意外发生。更重要的是我不能错过当下的每一刻，尽情地生活”。

尽可能多地对自己重复这个想法，即使你一开始并不完全相信，你很快就能意识到它是多么重要。

接受与承诺疗法：5分钟

在完成更多任务的同时释放压力的一个方法是借用一种被称为“接受与承诺”（ACT）的治疗方法。与其试图避免去想那些不良的感觉，比如你应该如何对前天的会议记录做总结，或者要怎么安抚周围朋友们的负面情绪，或者自己应该跑3英里而不是走路去取信件——事实上，这些事情你不去做，可能效果更好。接受你此时的想法，接受你现在的处境。也许你应该做好会议总结并发送出去，也许你应该跑步去取信，但你没有做。我们每个人都会这样。其实，说真的——也许那些会议总结根本就没那么重要。也许，明天的天气看起来会更适合跑步。

好奇心训练：10秒

幼年时期，你对一切都充满好奇心。一路成长为大人，有些东西就半途而废了。但你还是可以训练自己的好奇心，当你感到好奇而不是压力时，你更容易由被动转为主动。对眼前的事物，你可以问自己一些问题以激发好奇心。例如，她是在哪里买的那顶帽子？那个戴着金链子的人真的是黑帮分子吗？那辆车是谁开的？在人行道下面是什么？你能弄清楚你所在的大楼是哪年建的，是谁建的吗？不要吝惜于问自己类似这样激发好奇的问题，你也应该努力寻找一个有趣的答案。它不需要真实或正确，重要的是它能刺激你的好奇心和创造力。这种精神上的激活也会提升你在其他环境中的积极性。

拖延者的中等型重新赋能方法

做出承诺：每周 1 小时

拖延者可以使用的一个有效帮助自我赋能的技巧就是参加一个有趣的集体活动。当有人在等你的时候，你别无选择，只能从沙发上下来。你可以加入一个神学讨论小组，或是开始比赛遥控车，无论你能否感受到，你的能量都会得到补充。

重要的是你要选择你觉得真正有趣的东西，否则很可能你会找到借口不去。但如果你知道你喜欢这项活动，并且喜欢和你一起做这项活动的人，留在家里就显得不那么有吸引力了。

在合唱团演唱：每周 1 小时

一个特别有趣的团体活动是合唱团演唱。如果你像亨利一样，唱一首《小小蜘蛛》都很难，这似乎不是最好的选择（与之相反，凯瑟琳娜不会错过每一个能够唱歌的机会）。无论如何，参加合唱团的唱歌活动已被证明有一系列有益的效果。

前面提到了瑞典斯德哥尔摩大学压力研究所的名誉教授托雷斯·托雷尔的研究发现，一起唱了半个小时合唱团的歌手们显示了高涨而积极的情绪，他们唾液中令人感觉良好的激素——催产素水平显著升高。当同样的组员在小组中花了相同时间进行交谈时，却没有监测到这样的改变。唱歌中使用到了肌肉群，如隔膜、喉咙，这也是一种锻炼形式。一些研究甚至显示，合唱团演唱有助于消化。

合唱团的演唱也有助于降低脉搏和血压。当人们以某种方式（一致地、缓慢地、轻声地）一起唱歌时，他们的呼吸和心跳都变得同步。控制呼吸能够激活交感神经，它从脑干延伸到心脏，使心率稍微减慢节奏，合唱团歌手们的心跳自然而然共享着同样的节拍。

安排义务：10分钟

这个练习与照顾者的优先级测试相当相似，但不是完全相同。所以，即使你阅读了前面照顾者使用的方法，也不要跳过这个练习。

对拖延者来说，只是开始动手做他们的待办事项就已经很难了。这时，组织好任务就很重要。画一个正方形，将它分成4部分，在左上侧写“重要”，左下侧写“不重要”，左列标为“紧急”，右列标为“不紧急”。

	紧急	不紧急
重要		
不重要		

把列表中的每一条填写进去，并按其重要性和紧迫性排序。这样很容易看出哪几项任务需要放在优先位置，哪些可以稍稍滞后，或者可以完全忽略不计。接下来，选择“重要且紧急”中的一项任务，开始做吧。

当你完成这项任务后记得把它划掉。对于拖延者，划掉已完成的任务是非常有必要的，很少有什么事比划掉已完成的任务让人更有成就感。这也为大脑提供了一些视觉证明，你确实完成了一些任务，让你更能坚持下去，继续完成下一个。

开始做运动：30 ~ 50 分钟

作为身体自身的抗抑郁药，内啡肽可以在运动时于体内自动释放。随后，你会感觉良好和清醒，因为你的血液已经充氧了。运动使身体变得健壮，让你有精力去做更多的事情。然而，在该锻炼时，许多拖延者倾向于拖拖拉拉。如果你碰巧也是这样，请尽情使用以下诀窍：

和一个朋友约个时间去跑步，而且这个朋友会一直等到你出现为止。不需要去做一个铁人三项或马拉松训练，走半个小时也是可以的。如果你不介意为运动花些金钱，你可以预约一个私教课程。你明白教练会等待你的出现，而且不去也会浪费钱。

拖延者的加强型重新赋能方法

忽略你的身体！

让拖延者变得更积极的一个方法是忽略他们的身体。我们的身体有时会欺骗我们，如当身体告诉你它需要糖果时，多么令人难以抗拒，但这并不意味着狼吞虎咽对身体是有益的。同样地，当你的一天被会议塞满，回到家已濒临深夜，这个时候，你的身体通常会说道："来吧，去微波炉热一个比萨，打开电视机看看电视剧，除非有一大桶冰淇淋，否则才不要离开舒服的沙发。你值得享受！"

以前，我们每天的工作都是艰苦的体力劳动，在那些日子里我们真的需要好好休息。但今天，我们大多数人都不是那样生活的，我们不用在森林里砍树，需要的仅仅是主动自愈，尤其是对拖延者来说。煮点健康的食物，散散步，不要赖在沙发上。在漫长的一天后，这样做能给你的身体一剂很有效的重新赋能。

真|实|案|例

姓名：苏菲

年龄：45 岁

职业：医学博士

“运动让我感觉压力和负担更小了。”

一份充实的工作、研究，还有三个孩子，有时候，这一切都太让人有压力了。苏菲意识到她仿佛变成了一个受难者。为了改变自己的处境，她开始减少对自己的要求，拒绝做更多的事情，从而有更多的时间锻炼。

一名麻醉师的工作通常要求较高，而且经常需要在晚上与周末长时间工作。如果你碰巧有三个孩子，那么留给你自愈的时间就所剩无几了。苏菲懂得这一点。不过，现在她已经为自己的论文做了答辩，完成了她的研究。为了安排妥当一切，她很投入地进行了自我疗愈。

“我经常锻炼身体，我觉得运动能帮助我处理日常生活，而且让我不再经历那些我过去觉得过于繁重而深感压力的事情。”

不过，苏菲时不时还是会过于忙碌。

“当我在2013年被授予专科资格时，一切开始急速运转。除了要在我的临床工作中承担更多的责任外，我还有一个研究，正要开始一个新的项目。就在同一时期，我成了诊所的医务主任。除此之外，我在负责一个很糟糕的重组项目，这个项目当初被引入的反响很不好。然后，我的孩子们也还小，所以我在家也没怎么放松。我注意到我总是在思考着各个项目，即使在我不能做什么的时候。我觉得我也有点像一个受难者。”

你为打破这种恶性循环所做的第一件事是什么?

“我开始比以前更有规律、更经常地锻炼身体。不知怎么的，运动帮助我把压力抛之脑后，更好地安排我的生活，我也在大脑里增添了‘一切足够好’的信念。我不需要所有事情立即改善，一次做成一件事就非常好了。”

你如今有足够的自愈了吗?

“是的，对我认为没有时间完成的事情，我已经变得更善于说‘不’了。在任务超乎我的能力的时候，我也更擅长询问该如何安排任务的优先级顺序了。”

第八章
三周复活元气计划表

照着做，体会每一天的神奇变化

到目前为止，你已经了解了足够多关于自我重新赋能的知识。当然，你肯定无法记住所有内容。你可以一遍遍再次浏览本书，然而对你来说，开启这样一种充满巧妙自愈的生活方式可能仍然让你望而生畏。我们最不想看到的就是重新赋能变成一件很艰难的事；相反，它应该是轻松、自然和有趣的。

接下来，我们要告诉你实现梦想生活的办法：一步一个脚印。所以，为了帮助你，我们把你的梦想生活分成了三周的时间表。

你可能会好奇，为什么是三周？

我们很高兴你问这个问题！其实，这不是什么特别的数字，也可以是两周或六周。但我们想确保你有足够的时间来培养新习惯，而养成这些习惯，准确来说，至少需要三周的时间，这也能帮助你安排专属于自己的时间。

习惯和日常非常重要。你每周的计划应有助于你找到自己的体系——一个根据你的本性和向往的生活方式而创立的体系。因为系统自动化运作比个人自动化更容易，并且一旦体系建立成功,你会创造一个智能自愈的生活方式。当你不假思索地把重新赋能的方法融入生活中时，你的能量和思考就能更多地投入有趣而愉悦的事情上了。

你可以根据最匹配的类型来选择我们提供的相关建议；或者，你可以混合其中两种类型，或者这三种都选择。如果不确定哪类方法最符合需要,你可以先着手尝试一部分，当你觉得可以了的时候,慢慢把它们加入你的方法集合里。需要记住的是，这些日程与计划不是用来替代你在第五章了解的重新赋能方法，而是补充和加强你的体系。

在安排日程以形成智能自愈的生活方式之前，你需要确认生活方式中需要改变的三件事，这有助于你清晰地了解自己周计划的目标。目标可以千变万化，如成为一个好的倾听者，或是更多地活在当下，从而提高自己的耐力与创造力。只要你需要，就尽可能多地思考这些目标（如果还不太明确），然后写下那些你决心改变的事。

以下是我现在想要改变的事情：

1.……

2.……

3.……

……

为成就者提供的三周计划表

第一周 →

星期一

计划。因为你是一个成就者，所以第一要务应该是腾出时间，准备新的议程。

第一项任务是静静坐下来，用一个日历安排整一周的自愈计划，确保不会错过任何一次机会。

休息一会儿。这一周尽量每天安排至少一次的休息时间，在此期间，你不能去开会，要离开电脑去做其他事情。从今天就开始。例如，可以花 5 分钟伸展腿部，或者看看窗外的景色。如果有人问你在做什么，可以找个理由说你在思考问题。

散散步。今天，你要去外面快步走走，并至少花45分钟时间。可以在早上上班前、在午餐时间，或者在晚上，重要的是你确实做了。在这45分钟里不需要追求走多快、多远。

星期二

调整工作时间。如果你经常加班，这一周就注意挑一天减少工作量。设定下午5点的闹钟（或按你的下班时间），并确保在这个时间回家。你在家也可以做同样的事情，事实上，这甚至会让你更高效（如果你今天确实不能早点离开，尽管将这个任务调到本周的另一天，只要你会完成它）。

休息一会儿。别忘了离开电脑休息一下。如果需要，可以给自己设定一个提醒闹钟。

星期三

散散步。如果需要，可以将节奏放慢一些，但今天需要散步整整一个小时。

休息一会儿。就像你前几天做的那样，离开电脑，在白天里至少休息一次。如果需要，设置一个提醒闹钟。一个休息的方法是专注于你环境中的声音。

无论在哪儿，环境中总会有大量的、你几乎没有注意过的背景噪声，如不同车辆的噪声、人们的说话声、暖气片的嗡嗡作响声、鸟儿的叽叽喳喳声及微风拂过的声音。你不需要试图弄清楚声音的源头是什么，专注于听觉，这能为过度活跃的大脑提供休息条件。

星期四

休息一会儿。这一天别忘了抽空离开电脑休息一下。把大脑的注意力完全转移到身体的感知，这样可以稍微缓解大脑里焦虑的想法。下一次你发现自己挣扎于焦虑之中时，试试立定，然后前后摇晃身体。

星期五

休息一会儿。这一天别忘了抽空离开电脑休息一下。如果需要，可以设置一个提醒闹钟。微小的身体训练事实上有显著的效果，小于 3 分钟的紧凑训练和 2 小时低强度的训练带来的好处相同，所以继续训练吧！

评估期望。每当情况不如所愿时，考虑一下自己对结果的期待是否是现实的；或者，你对事物进展的期待应该做些调整。如果不这么做，假如现实情况完全不符合你不切实际的期待，你只会失望不已。如果面对的是一大堆挑战与困难，只有先挺过去，才有机会收获额外的成果。

星期六

散散步。没有必要追求速度，这次你的散步时间是 75 分钟。理想情况下，你应该趁天还未黑的时候出去走走，这会有助于睡眠。

星期日

别忘了所有其他的重新赋能技巧！从第五章中选择你在下一周要做的方法清单，以及对每天的安排。

第二周 →

星期一

放手。你的身上是否压着一个单调乏味的任务，而你永远因为不够满意而无法放轻松？或许是即将在挚友的婚礼上发表的演讲？你可以在网上购买一份演讲，再把自己最真切的感受融入进去。或许是一份项目的汇报？试着放手，去问问领导或者信任的人，让他们阅读你的报告并提供一些反馈。

散散步。以轻快的步伐散步，轻微喘气的节奏正好，坚持 45 分钟。

休息一会儿。这一天别忘了抽空离开电脑休息一下。例如，吸足氧气，从呼出肺部所有的空气开始，你越能清空肺部，身体留给新鲜空气的空间就越大。当你觉得无法排出更多的空气时，就应该放松，空气会自动地充进肺里。你会注意到，这样的空气会比“故意”吸入它们时更能充满整个身体。

星期二

休息一会儿。这一天别忘了抽空离开电脑休息一下。

不要做完你正在做的事，站起来去拿一杯咖啡或茶。

触摸的魔力。预约一次柔和的按摩，或者请伴侣、朋友为你按摩一次。你不一定需要专业的按摩疗法，任何一种触摸都会降低身体的应激激素，从而帮助你自愈。

星期三

休息一会儿。这一天别忘了抽空离开电脑休息一下。例如，可以做一个简短的冥想。步骤如下：坐下来，呼吸，然后专注在一个点上；专注，释放专注，浮于空中，观察并接纳一次次飘过的想法，再次专注。重复这个过程。

散散步。以轻快的步伐散步，轻微喘气的节奏正好，坚持 45 分钟。

调整工作时间。如果你经常加班，那么这周应有两天按时回家。设定下午 5 点的闹钟（或按你的下班时间），并确保在这个时间回家。

星期四

休息一会儿。今天再次离开电脑休息一下。站起来，扭动肩膀，每个方向做几次旋转。

面对不安全感。与其想着“如果事情不像我预计的那样发展，我的一天都被毁了”，不如这么想：“重要的是，当事情不如所料时，我可以去练习如何保持灵活和管理现况的能力。”

星期五

散散步。以轻快的步伐散步，轻微喘气的节奏正好，坚持 45 分钟。

调整工作时间。准时回家。当到了下班时间后，决定好回家的时间并设置一个闹钟，确保自己会在这个时间回家。

星期六

看一场电影。最好在家人或朋友的陪伴下躺在沙发上看完一整部电影。把手机放在另一个房间，这样就不能在看电影的过程中回复工作邮件或短信。

散散步。以轻快的步伐走上 75 分钟。最好在天还未黑的时候出去散步，这样有助于睡眠。

星期日

从第五章中选择你在下一周要做的方法清单，以及对每天的安排。

第三周 →

星期一

去散步。以轻快的步伐去散步，轻微喘气的节奏刚刚好，坚持 45 分钟。

休息一会儿。这一天别忘了抽空离开电脑休息一下。下载一个正念的应用程序，或者在手机上设定一个闹钟，停下来做几次呼吸。

调整工作时间。练习这周不加班。

星期二

休息一会儿。今天也离开电脑休息一下，戴上耳机听一首歌。如果你在一个允许唱歌的地方，那就随心所欲地跟着音乐哼唱吧。

星期三

休息一会儿。今天也离开电脑休息一下，也许是时候在办公桌旁做 3 分钟的运动了。

单任务模式。挑一个简单的任务，然后全神贯注地去做，不要把注意力转移到其他事情上。单任务模式会让你更冷静，更有控制力，也会帮助你提高工作质量。

星期四

休息一会儿。例如，这一天即使知道你没有任何信件，也抽空去信件柜看看。

散散步或进行一些轻运动。以轻快的步伐去散步，轻微喘气的节奏刚刚好，坚持45分钟。也许，散步会有些无聊，你可能想做一些让自己心跳加速的事情。试着做一些轻运动，如瑜伽、在健身房使用椭圆机，或者进行一次长时间、慢速的自行车骑行。

星期五

只是存在。下载一个关于正念的手机应用并定期使用它，或者在手机上设置一个闹钟提醒你何时该停下工作，仅仅深呼吸一会儿。你也可以做第125页的呼吸练习。这样，你会更专注于存在而不是行为。

星期六

散散步。以比较轻快的步伐走上75分钟。最好在天还未黑的时候出去散步，这样有助于睡眠。

邀请朋友前不整理房间。是的，我们是认真的。你可以邀请一些朋友来吃晚饭，而且不清理所有的空间，枕头鼓起来放在沙发上，摆上鲜花。因为，老实说，几天前你是不是用吸尘器打扫了整个房子？这已经很好了。当客人们发现你就像他们一样把鞋子留在了客厅里，可能会觉得很难得且很放松。

星期日

去做吧！哇哦！你太棒了！现在，你可以仅仅保持新习惯，无须严格遵从安排就能把自愈融入生活中。享受你创造的改变吧。到现在为止，你已经注意到哪些重新赋能的方法给了你最好的效果。继续使用它们。检查没那么好用的方法，确定是否需要尝试一些其他练习来提高自愈效率。

还记得三周前你认为最重要的三件事吗？关于这三个目标，现在是时候弄清楚你取得了怎样的进展——可能你已经实现它们了。如果是，恭喜你！你的自愈水平很可能达到了理想水平。保持下去！

你的进步比期望的要小吗？如果是的话，问问自己怎样才能实现目标。浏览本书中的提示和方法，看看能帮到你什么。也许你需要重新考虑使用的方法，尝试一些新的练习。

而且，尽管没有收获理想的成果，但现在你已经花了一些时间在对你有益的事情上了，你应该把那些让自己感觉良好的事物写下来，作为给自己的提醒。

为照顾者提供的三周计划表

第一周 →

星期一

腾出时间做自己的活动。今天预约一个活动，且只为自己而做。确保这不是一件可能会被邻居叫回去帮忙换轮胎的事情。理想情况下，你最好将这个活动安排成难以被取消的方式。例如，预约一个你只能在开始前三小时取消的课程，最好取消过程中还需要你记住一个密码；或者买票去看一场只能在会场退款的演出；或者答应一个朋友的邀请，你知道如果你不出现，别人就会失望。这样，你会更难跳过这些活动，更容易忽视邻居的要求。

星期二

测试优先级。今天我们要把任务填写在第 192 页的格子上，以确保你不会因为一些甚至不属于你的任务而被压得喘不过气。把那些实际上不属于你的任务丢出去，或者重新安排它们的优先级。

星期三

和朋友见面。和几个朋友一起出去吧，然后请伙伴/父母/朋友接回孩子。你不必在外面待到很晚，但为自己做点什么总是对你有好处。

星期四

没有消息就是好消息。记住这个新原则：从现在开始，只要没有明显的证据证明不好，你就设想别人做得很好。当你发现自己想要再次确认别人是否安全时，试着让自己不要太过于控制身边的环境和人事。

星期五

敢于设想你为别人做得已经够多了。当你感觉到自己忽视了某人时，不要认为你的感觉是准确的，而是直接问对方，如果他们觉得你给他们的关心不够多，你还应该考虑一下，这个人是否习惯于提出不合理的要求，或者承担不起足够的责任。如果他们是这样，提醒自己，这不是你要负责解决的事。

星期六

当一天来临的时候，就好好把握吧。当你在不同事情之间做决定时，你应该问问这么做是为了什么，能否对自己和家人都有好处？如果是，那太好了，现在开始做吧！或者你做了一些尽管你不想做或者感觉不应该做的事情，在这种情况下，你应该多考虑考虑，而且删除这种类型的任务。

腾出时间做自己的事。今天又到了做一些活动或训练的时候了——选择你喜欢的且为你带来能量的事情。

星期日

从第五章选择你在下一周要做的练习，以及对每天的安排。

第二周 →

星期一

练习对着镜子说“不”。如果觉得这么做很难，也不必用“不”这个字，有很多灵活的方式可以帮助你拒绝别人的要求并按自己的方式行事，而不用简单直接地说“不行”。试着这样说：“我可以替你这么做，但我需要更多的时间。”

如果你不能确定自己是否愿意答应别人，可以把问题返回到提出请求的人身上，而不用马上给他们答案。当然，在有些情况下，你需要给出明显的拒绝。在一开始，你可以先在镜子前练习不同的表达拒绝的语句。这里有一些参考例句：“对不起，我现在的日程已经排满了，所以我只能放弃。”“不好意思，可惜这次我真的帮不到你。”“不，这不是我的责任。”今天，你需要在镜子前面练习；明天，你就需要在生活中开始说“不”了。

星期二

腾出时间做自己的活动。今天也一定要参加锻炼，或者给你带来活力的事情。

在现实生活中说“不”。现在，在人们给你一些不属于你的任务时，是时候给他们设定界限了。你已经意识到，你不需要直接用“不行”这个词语，你可以给出如下回答：“我现在有太多事情要做。如果你也想我做这件事，你需要帮我优化任务的顺序。你觉得我该扔掉什么任务，从而腾出时间去做你现在要我做的事？”

星期三

列出你的生活。把你为家人、朋友、同事所做的事项列出来，然后另外列出你为自己而做的所有事项。哪个列表更长？如果是你为别人做的事情的清单更长，你就知道你没有必要承担更多了，而且你对自己照顾得也不够多。

星期四

心灵探索。作为一个照顾者，要想获得良好的精神恢复，你必须特别努力地做到忠于自己。因此，今天，你应该在吃午饭前停下来、下午停一下，做一个深呼吸，问问自己：“我为什么要这么做？”这个答案不分对错，只是让你练习承认自己的感受。

星期五

找到力量。有些照顾者倾向于感到内疚。他们从来没有时间去做他们想做的事情，因为其他人总是拉走他们。今天，你会发现你更有力量向自己的方向前进，因为你不再自怜自哀，而是把注意力转移到了生活中有意义的事情上。你的人际关系怎么样？你特别在乎谁或者有谁特别在乎你？有什么事物提高了你的生活质量？你察觉到了什么对你而言是至关重要的吗？这些都能给你一种意义感与归属感。找到你的力量，和看到生命的真谛有关，和感恩真正重要的人、物有关。重要的人和事物，可以是你的家人、你的健康、你的爱好，以及你的朋友们。但是记住，这不代表你需要满足他们全部的需求！

星期六

腾出时间进行活动。今天又到了做一些活动或训练的时候了，选择你喜欢的且给你带来能量的事情吧。

星期日

除了你本来计划好的事情外，从第五章中挑选出你在下一周要做的练习。

第三周 →

星期一

给自己点赞扬。你是不是又不小心承担了太多的任务？别担心，大脑是可塑的，你可以重新学习。无论如何，学习新的行为需要时间。今天，我们希望你做的是，赞扬自己的付出吧。记住："你给出什么就会得到什么。"所以，不要忘记把自己还给自己。

星期二

抽出个人时间做点有趣的事。这周你可以去电影院，或者去剧院，或者可以在家看一整部电影，且没有人打扰你。最重要的，是你可以用你热爱的事情装点你的生活。

星期三

处理内疚。上周，你开始对那些让你帮忙承担责任的人说"不"。但现在，你可能会因此感到内疚。借此机会探索一会儿内心的这种情绪。扪心自问，这是不是应当的。如果你认为这种内疚是不应当的，你不应该照做，让这个感受在那里，接受当前的感觉，但不要让它们控制你。当有了这种情绪后，练习探索它背后的原因是什么。

星期四

腾出时间做自己的活动。今天又到了做一些活动或训练的时候了，请选择你喜欢的且给你带来能量的事情。

星期五

来一段音乐。今天，如果平常你不爱听音乐，可以在从公司或学校回家的路上听一听。跳过任何电话或有声读物，今天，在你回家的一路上，都会是你最爱的旋律。

星期六

腾出时间做自己的活动。今天，是时候做一些活动或训练了，请选择你喜欢的且为你带来能量的事情。

星期日

去做吧！继续做你一直在做的事，享受你探索到的新特长。到目前为止，你已经注意到了哪些重新赋能方法能给你带来最好的效果，继续使用它们。看看那些没那么好用的方法，是否需要尝试一些其他的练习？

还记得三周前你认为最重要的三件事吗？关于这三个目标，现在是时候弄清楚你取得了怎样的进展了——可能你已经实现它们了。如果是，恭喜你，你的自我赋能水平很可能达到了理想水平，保持下去！

你的进步比期望的要小吗？如果是，问问自己怎样才能实现目标。浏览本书中的提示和方法，看看能帮到你什么。关于你的想法，也许可以尝试反向思考。

既然你已经投入了如此宝贵而又有许多益处的个人时间，你应该写下自己感觉良好的事物，作为给自己的提醒。

为拖延者提供的三周计划

第一周 →

星期一

开始锻炼。今天你要换上运动服，去慢跑 12 分钟。要跑多快由你决定，重要的是你会完成它。

列出可完成的任务，把第一个划掉。写下这一周内你希望完成的五件小事，而且这些小事是你确定可以做到的。例如，预定一个会议以启动一个新的项目，或把胡乱摆放的画挂起来，或总结上一次的会议纪要。你也可以写下会在哪天完成每一个事项。从现在开始，每天在列表中添加一个新事项，然后把第一件事划掉，立即形成新的列表。

星期二

完成任务。执行列表中的第二个任务，将其划掉，然后添加一个新任务。如果无法完成清单上的任何一件事，记住刚刚添加的新条目也是一个备选项。

星期三

完成任务。执行列表中的第三个任务，将其划掉，然后至少添加一个新任务。你可以尽可能使任务变得更有挑战性。如果星期一你添加的任务是“折叠好衣服”，那么今天就可以添加“致电并预约汽车车间的维修”。

星期四

完成一个或多个任务。你可能已经每天从你的清单上完成不止一件事了。如果不是，你现在可以这么做：至少执行清单上的两项任务。如果你乐意，可以完成更多，节奏由你设定。只是记住添加足够多的新任务，让列表能维持一周。

星期五

完成余下的任务。如果还有任务未完成，就清除列表中的剩余任务。我们推荐你尝试坚持使用这个方法，帮助自己完成工作。

星期六

继续锻炼。慢跑20分钟，或骑自行车40分钟。不需要设定任何条件，仅仅是完成它就可以了，节奏由你来控制。

星期日

从第五章中选择你在下一周要做的练习，以及对每天的安排。

第二周 →

星期一

戒除电影的瘾。 本周内，你不能看任何一部电视剧或者电影；相反，你应该读一本书，做点好吃的，给朋友打电话，坐在钢琴旁，在公园里躺在一条毯子上，或者多多慢跑。你唯一不能做的就是坐在沙发上看平板电脑（包括浏览视频网站，所以请不要点开它）。从下周开始，你可以松绑这个严格的禁令，但我们建议你持续跟踪好自己的屏幕使用时间。

确定渴望。 就像照顾者一样，尽管原因不同，拖延者也能从计划好的活动安排中受益。作为一个拖延者，你也需要被一些感觉好的事物所吸引，才能从床上爬起来。这些事情一定是一些即使你会害怕和担忧，也情不自禁要去做的，如在合唱团歌唱、开始做陶艺、玩飞镖、练习拳击，或者画战锤（一款游戏）的迷你画作。重点不在于你做什么，而在于你发自内心地享受做这件事。今天，你要挑选一个爱好，然后找个地方去实践。

星期二

继续锻炼。慢跑20分钟，或骑自行车40分钟，节奏由你来把握。

组织你的义务。参照我们在199页所陈述的，画一个正方形并将它分成四部分。思考你是否有些事情需要做，但是由于太烦琐而没有把它放进上周的任务清单里。现在把其中一件事情放进“重要且紧急”的格子里，然后开始做，做好后别忘了划掉它。

星期三

打破恶性循环。当你感觉到自己在担心所做的计划或准备是否足够充足时，你应该打破这种破坏性的思维模式，取而代之的应该是：“我只需要合理地安排好计划，即使结果不是我可以掌控的，我就可以开始做了。毕竟，我所能做的就是改变，而非控制最终的结果。只要我有所行动，我相信一切都会变好。”

报名。你还记得周一你发现的那个爱好或课程吗？今天是你报名真正去做的日子。

星期四

继续锻炼。慢跑 20 分钟，或骑自行车 40 分钟，节奏由你来把握。

星期五

训练好奇心。今天，你可以仔细看看路过的东西。关于你所看到的事物，问自己一些问题。唤醒你的好奇心，找出它会带给你什么答案。望一望超市结账队伍排在你前面的人们购买的物品，试着想象他们的生活可能是什么样的，他们今晚是否有宴请的客人呢？

星期六

继续锻炼。慢跑 20 分钟，或骑自行车 40 分钟，节奏由你来把握。

星期日

从第五章中选择你在下一周要做的练习，以及对每天的安排。

第三周 →

星期一

稳中求进。现在，你可以开始看电视和视频网站了。但是你要设定一个闹钟，并事先安排有多长时间可以做这件事。时间最长为 90 分钟，一旦闹钟响了，就去做其他事。

做一些"重要且紧急"的事。从你上周做的网格中的"重要且紧急"的事中，挑一件事开始做吧。

星期二

继续锻炼。慢跑 30 分钟，或骑自行车 60 分钟。如果发现自己想要加快速度，尽情去做，但是记住这次锻炼的时间要比上次长。如果你不知道去哪里可以骑整整一个小时的自行车，可以看看附近的健身房有没有自行车型健身器材。

星期三

稳中求进。当你躺在沙发看电视剧的时候，继续设置闹钟，并事先决定你有多长时间可以做这件事。时间最长为 90 分钟，一旦闹钟响了，就去做其他事情。

星期四

继续锻炼。慢跑30分钟，或骑自行车60分钟。如果有其他的运动看起来更具吸引力，可以试一试。重要的是，你得到了一个新的锻炼方式，而不是为了做某项运动。

星期五

安排一些愉快的活动。基本上任何能激励你离开沙发的活动都可以。有没有什么事让你觉得很有趣，但是不知为何从来没有抽空去做？也许你想去音乐会？这可能需要一些计划。为了尽快开展这项活动，今天.就开始计划吧。和朋友约定一次聚会，和伴侣做一件平常不会做却很有意义的事情，或者报一个舞蹈班。任何看起来很有趣而吸引你的事情都可以。

星期六

花点时间亲近大自然。你的住处附近是否有森林、湖泊、海洋或者一个美丽的公园？去参观吧，一路漫步，欣赏沿途风景。

星期日

去做吧！恭喜！如果你一直在坚持这个计划，你一定会比前几周感觉更有活力了。保持下去！如果你还没有开始做这本书里的其他练习，现在是时候重新看看它们了，判断它们是否适用于你现在的生活。既然你的状态变得更积极，你可能想尝试更多新的重新赋能练习。到目前为止，你已经注意到了哪些重新赋能方法能给你带来最好的效果，继续使用它们。看看那些没那么好用的方法，也许你需要换一种方式使用它们。

还记得三周前你认为最重要的三件事吗？关于这三个目标，现在是时候弄清楚你取得了怎样的进展了——可能你已经实现它们了。如果是，恭喜你，你的自愈水平很可能达到了理想水平，保持下去！

你觉得很难继续坚持吗？如果是这样的，问问自己怎样才能让这个过程更容易。浏览本书中的提示和方法，看能否帮助你向前一步。也许你可以尝试反向思考。

嘿——这里有一块空处，你可以写下那些你认为比躺在沙发更能让你发现乐趣、有意义和积极性的事情（甚至是让你一直很兴奋的事情）：

第九章
活力再出发

掌握赋能诀窍，始终斗志昂扬

在如今这个时代，快速奔跑或者拳头紧握已经不再是我们最重要的生存技能。当你要支付账单、和脾气暴躁的领导交流、和孩子争吵，或者面对内心的愧疚不安的时候，这些技能都无法再起作用。现在这些日子里，更重要的是如何能够理解别人的意图、如何处理挫折和不安全感、如何解决逻辑问题和如何缓解精神紧张。

不管你的生活看起来如何，周围的环境都希望你能在很短的时间内处理和存储大量信息，并迅速调整任务的优先级。每天早晨醒来你都知道，这个世界看起来可能又和前一天晚上大不一样了。

而且，你想从生活中得到更多，而不仅仅是能够应付世界对你的要求。你读这本书是因为你想在不缩减你所喜爱的一切的情况下尽情地生活，尽管你已经开始感觉到自己被重重的压力卡住了。唯一可以让你面对现代生活的需求，同时还能实现自己目标的办法就是巧妙的自愈。现在，你知道自己需要哪种自愈方法来让过山车般的生活照常运转，这变得比以往任何时候都重要。

压力和负担，并不一定是坏事。它可以激励你，助你成长，但前提是你能够保持自己的电量充满，这样就有能量面对一切挑战。否则，压力就会堆积如山，最终把你压垮。

我们大多数人有自己的策略来处理各种眼前的困难。然而不幸的是，我们经常转向各种快速而被动的自愈方式，如将自己放纵于即时社交媒体、一大袋糖果或者关于卡戴珊的一整季节目里。这些方式在那一刻让你很舒服——肯定有人在照片墙上发了好玩的内容，而且糖果真的很美味。但是，这些方式并不能被称为重新赋能。如果你完全依赖于这种“假”性自愈，你最终会放弃长期的生活目标，你的重要价值也会腐蚀于短暂的娱乐里。有时，它们确实能改善一些状况，但多数时候并不可行。

我们写这本书的目的是真切地帮助你找到策略，通过引入重新赋能的概念——身体和精神的恢复，从而增强你的志向和品格。此外，只要你有几分钟或几秒的空闲时间，都可以随时使用我们提供给你的方法。

心理学家索尼娅·弗里德曼声称：你只能控制生活中的三件事——你怎么想、怎么说、怎么行动。

然而，事实是，当涉及自愈时，你只需要注意你的言行举止即可。当你想要达成改变时，真正重要的是你做了什么。你可以宣布你梦想的生活方式，但如果不采取行动，就什么都不会发生。无论你多么缺乏去健身房的动力，但如果你通过强迫自己踏出一步而确实到达健身房的话，不管一开始多么无聊，那么你也赢了。因此，如果你想，我们建议你采用以下规则，为你在生活中带来长远改变：

无论你现在的感觉是什么，依照理性去做更能实现目标的事，别再做相反的事。

然而，即使你知道需要做什么改善生活，但开始行动并不容易。事实上，这可能是最困难的一件事。我们告诉自己：我根本没有精力，也没有时间。这些可能是事实，但这并不说明它们是难以逾越的障碍。再说一遍：重要的是你做了什么。你可能非常疲惫，可能感觉自己需要一周时间才能跨出一小步。但那些只是你的想法。承认它们，然后马上去做。

就是现在！

因为很可能你会投入更多的精力照顾你的车、植物、朋友，还有工作，而胜过照顾自己。你所需要做的就是重新引导你的能量。讽刺的是，当你觉得你被重重的任务压得喘不过气而没有时间进行自我疗愈时，恰恰是你最需要自我重新赋能的时候。

当我们写这本书的时候，我们不仅仅是提供实用、快速的技巧，还希望你能思考，甚至重新考虑你的一些思维模式、消磨闲暇时间的方式、日常生活，以及你和其他人的关系。从更高的角度来审视和掌控生活，收获的回报将远超于你所付出的努力。当你充满活力地面对生活时，你会有更多空闲关注有趣的事物。

记住，如果一件事会让你太辛苦而无法享受、拥有它，那这件事就不值得你努力。

我们写下自我赋能这本书，是希望人们可以把注意力集中在对他来说最重要的事情上，并且做这件事的时候他感觉很好。这一切也会让身边的人受益。

时间是本书中多次触及的一个话题，我们有充分的理由谈到它。因为此时此刻，就是你能拥有的全部时间。

如果你不为自己花点时间，别人就会试图从你手里夺走它。面对这种情况，马力全开是一种相当正常的反应。这样做的问题是，当你保持一个疯狂的节奏时，很容易忽略一路所有的宝贵经验。无论如何，当你使用重新赋能的方法时，你可以时常放轻松，在平凡的一天里接受所有的奇迹。

还需要记住的是，重新赋能的运转方式与生活中其他事物的运转方式都是一样的。有时候，你会成为整个宇宙的自愈之王。你可以自由翱翔于生活的海洋里，无所畏惧，能量满满。

其他时候，你会嫉妒地偷偷瞄一眼那些奔腾的马匹，希望自己也能冷静下来，像他们一样悠然自得。而此时多少自愈似乎都没有帮助。没事的，没有人会去评判你，毕竟没有人每次都能成功。

正如本书开头所言，平衡是一个神话，只要你依然在生活，你就一直坐在跷跷板上。一时间陷入不健康且缺乏自愈的状态只是一个短暂的过程，而不是整个不健康的生活，你永远可以决定下一步要怎么做。

奥伦·拉维（Oren Lavie）在他的书《不在那里的熊》中很好地表达了这一点。一只熊正穿过森林寻找自我，它遇到了一只乌龟：

“你要去哪里？”乌龟问。

“我好像……”熊说，“要往前走。”

乌龟点点头。“是的，我知道那个地方，很受欢迎，现在似乎人人都要去那儿。”

“是吗？”熊兴奋地说，“很远吗？”

“有时是，”乌龟耸耸肩，“有时不是。”

……

于是它们开始向前迈进，非常慢。

……

过了一段时间，熊问道：“我们迷路了吗？”

“是的，”乌龟点点头，“这是前进路上的一部分。”

“我明白了。”熊说。

当你使用重新赋能的方法时，你可能走到了你原本无意前往的地方。这是一件好事，生活就是这样。现在，你已经拥有这些方法，帮助你看到那些地方所提供的可能性，而不再因为事物的发展并不如你所料时感到焦虑。这个领悟，有时就能给到你绝佳的自我赋能。

我们把知道的一切都倾囊相授了。再有几行文字，我们就要把你交给专属于你的赋能体系了。我们真诚地希望你能尽快开始使用这本书中的方法。在理想情况下，你应该从今天就开始。你看，唯一能让生活变得更加有趣的人只有你自己。为自己重新赋能吧，你会发现生命如此美丽多娇！

我们，下一站见！

凯瑟琳娜和亨利，2019

参考文献

Abdollahi, A. & Carlbring, P., 2017, "Coping Style as a Moderator of Perfectionism and Suicidal Ideation Among Undergraduate Students", Journal of Rational-Emotive & Cognitive-Behavior Therapy 35(3): 223–239.

April, K., Dharani, B. & Peters, K., 2012, "Impact of locus of control expectancy on level of well-being", Review of European Studies 4(2): 124–137.

Barlow, D., Allen, L. & Choate, M., 2004, "Toward a unified treatment for emotional disorders", Behavioral Therapy 35(2): 205–230.

Bengtsson, A., 1999, Ett liv utan stress: både i arbetet och privat, www.anki.net , Frufällan.

Bentley, J., 2016, The 5 Divisions of Stress Recovery, self-published.

Boren, U., 2016, Pausa: en handbok om återhämtning, self-published.

Brask, P., 2017, Vem bestämmer över din tid? Konsten att frigöra tid och energi, Lava förlag, Stockholm.

Carlsson, E., 2016, The importance of psychological and physical stressors on diabetes-related immunity in a young population – An interdisciplinary approach, Jönköping University, School of Health and Welfare.

Cedernaes, J. et al., 2018, "Acute sleep loss results in tissue-specific alterations in genome-wide DNA methylation state and metabolic fuel utilization in humans", Science Advances 4(8), Uppsala University, Uppsala.

Christakis, N. & Fowler, J., 2009, Connected: The Surprising Power of our Social Networks, Little, Brown and Company, USA.

Child, S. & Lawton, L., 2017, "Loneliness and social isolation among young and late middle-age adults: Associations with personal networks and social participation", Taylor & Francis Online, https://www.tandfonline.com/ doi/full /10.1080/13607863.2017.1399345.

Clance, P. & Imes, S., 1978, "The imposter phenomenon in high achieving women: Dynamics and therapeutic intervention", Psychotherapy: Theory, Research & Practice 15(3): 241–247.

Costandi, M., 2016, Neuroplasticity, The MIT Press, Cambridge, USA.
Dahlgren, E. & Lidström, C., 2018, Hjälp jag är utmattad, Norstedts, Stockholm.

David, S., 2017, Emotional Agility: Get unstuck, embrace change and thrive in work and life, Penguin Life, London.

Davidson, R., Kabat-Zinn, J., Schumacher, M., Rosenkranz, D., Muller, S., Santorelli, F., Urbanowski, A., Harrington, K., Bonus, K. & Sheridan, J., 2003, "Alterations in brain and immune function produced by mindful-ness meditation", Psychosomatic Medicine 65: 564–570.

Folkhälsomyndigheten, 2014, "Folkhälsan i Sverige, Årsrapport".

Fredrickson, B., 2004, "The broaden-and-build theory of positive emotions", Philosophical transactions of The Royal Society B: Biological Sciences 359: 1367–1378.

Gerge, A., 2014, Empatitrött – Att utveckla välmående i vård- och omsorgsyrken, Bulls graphic, Halmstad.

Glaser, R. & Kiecolt-Glaser, J., 2005, "Stress-induced immune dysfunction: Implications for health", Nature Reviews Immunology 5(3): 243–251.

Greenberg, M., 2016, The stress-proof brain: Master your emotional response to stress using mindfulness & neuroplasticity, New Harbinger Publications, Oakland, USA.

Gross, J. & Thompson, R., 2007, "Emotion regulation: conceptual foundations", Handbook of Emotion Regulation(3–24), Guilford Press, New York, USA.

Gustafsson, T., 2015, "Intensiva intervaller en hit för konditionen", Tidningen Idrottsforskning, The Swedish Research Council for Sport Science, https://www. idrottsforskning.se/hogintensiv-intervalltraning-en-hit-for-konditionen/.

Hallowell, E., 2007, CrazyBusy: Overstretched, overbooked, and about to snap!, Ballantine Books, New York, USA.

Hansen, A., 2016, Hjärnstark – hur motion och träning stärker din hjärna, Fitnessförlaget, Stockholm.

Hansson, B., 2019, Tankar för dagen, Ordfront Förlag, Stockholm.

Harris, D., 2017, Meditation for fidgety sceptics, Spiegel And Grau, New York, USA.

Hassmén, P., 2014, Nystart! Din väg till ett bättre liv, Natur & Kultur, Stockholm.

Heshizer, B. & Knapp, D., 2016, "Revisiting the buffering hypothesis: Social support, work stressors, stress related symptoms, and negative affectivity in a sample of public school teachers", Open Access Library Journal 3(10).

Hjärnfonden, 2017, "Stress och stressrelaterad psykisk ohälsa: Ett bakgrundsmaterial från Hjärnfonden", https://www.hjarnfonden.se/wp-content/uploads/2017/12/171214_M_Stress_bakgrundsmaterial.pdf.

Hoolihan, P., 1984, "Stress and Recovery", Hazelden Classics for Continuing Care, Hazelden Publishing, USA.

Ito, T., Larsen, J., Smith, N. & Cacioppo, J., 1998, "Negative information weighs more heavily on the brain: The negativity bias in evaluative categorizations", Journal of Personality and Social Society 75(4): 887–900.

Jeding, K., 2010, 29 sidor mot stress, Albert Bonniers förlag, Stockholm.

Kripke, D., Garfinkel, L., Wingard, D., Klauber, M. & Marler, M., 2002, "Mortality associated with sleep duration and insomnia", Archives of General Psychiatry 59: 131–136.

Lally, P., van Jaarsveld, C., Potts, H. & Wardle, J., 2010, "How are habits formed: Modelling habit formation in the real world", European Journal of Social Psychology 40(6): 998–1009.

Lee, K., 2014, Reset: Make the most of your stress, Universe, Bloomington, USA.

Leiter, M. & Maslach, C., 2000, Sanningen om utbrändhet, Natur & Kultur, Stockholm.

Liu, Y., Wheaton, A., Chapman, D., Cunningham, T.J., Lu, H. & Croft, J., 2014 "Prevalence of healthy sleep duration among adults", MM WR Morbidity and Mortality Weekly Report 2016; 65: 137–141, https://www. cdc.gov/mmwr/volumes/65/wr/mm6506a1.htm.

Loonen, A., Ivanova, S., 2016, "Circuits regulating pleasure and happiness-mechanisms of depression", Frontiers in Human Neuroscience 10: 571.

Malmberg Gavelin, H., 2019, "Rehabilitation for improved cognition in stress-related exhaustion: cognitive, neural and clinical perspectives", Umeå University, Umeå.

Malmström, C., 2014, Stressa rätt, Liber, Stockholm.

Mayer, D.M., Myers, C.G. & Zhang, C., 2018, "To Cope with stress, try learning something new", Harvard Business Review, https://hbr.

org/2018/09/ to-cope-with-stress-try-learning-something-new.

McDade, T., Hawkley, L. & Cacioppo, J., 2006, "Psychosocial and behavioral predictors of inflammation in middle-aged and older adults: The Chicago health, aging, and social relations study", Psychosomatic Medicine 68(3): 376–381.

Mezuk, B., Choi, M., DeSantis, A., Rapp, S., Diez Roux, A. & Seeman, T., 2016, "Loneliness, depression, and inflammation: Evidence from the multi-ethnic study of atherosclerosis", PLoS One 11(7), doi: 10.1371/journal. pone.0158056.

Nilsson, R. & Vedlé, H., 2018, Sluta stressa på jobbet – experternas bästa råd för ett bättre arbetsliv, Hoi Förlag, Helsingborg.

Noonan, M., Mars, R. & Rushworth, M., 2011, "Distinct roles of three frontal cortical areas in reward-guided behavior", Journal of Neuroscience 31(40): 14399–14412.

Nylander, L., 2017, "Naturligt ljus fixar sömnrytmen", forskning.se , https:// www.forskning.se/2017/06/21/naturligt-ljus-fixar-somnrytmen/.

Olofsson, K., 2015, Vad alla behöver veta för att ta itu med jobbstressen, B4PRESS.

Risberg, A., Risberg, D., Sternberg, I. & Westman, E., 2016, Stress, prestation och återhämtning, Kunskap till hälsa, Örnsköldsvik.

Rosendahl Jensen, H., Davidsen, M., Ekholm, O. & Illemann Christensen, A., 2017, "Soevn", Statens Institut for National Institute of Public Health, Denmark.

Sandström, A., 2010, "Neurocognitive and endocrine dysfunction in women with exhaustion syndrome", Inst. för folkhälsa och klinisk medicin, Umeå University, Umeå, http://umu.diva-portal.org/smash/record.jsf?pid=diva2%3A358778&dswid=-2217.

Sapolsky, R.M., 2003, Varför zebror inte får magsår, Natur & Kultur, Stockholm.

Schiller, H., 2018, Sömnpusslet: Arbete, stress och sömn – så får du bitarna att gå ihop, Pagina, Stockholm.

Schmidt, B., Bosch, J., Jarczok, R., Herr, A., Loerbroks, A., van Vianen, A. & Fischer, J., 2015, "Effort-reward imbalance is associated with the metabolic syndrome – Findings from the Mannheim Industrial Cohort Study (MICS)", International Journal of Cardiology 178: 24–28.

Schwartz, S., 2017, Unplug: Den enkla vägen till meditation och inre lugn, Bokförlaget Forum, Stockholm.

Statistics Sweden (SCB), 2004, "Barnens tid med föräldrarna". Statistics Sweden (SCB), 2018, "På tal om kvinnor och män".

Storoni, M., 2017, Stress-proof: The scientific solution to protect your brain and body, TarcherPerigee, New York, USA.

Stress Research Institute, 2012, "Stressmekanismer", fact sheet.

Theorell, T., 2004, "Sången sänker stresshormonerna", 2004, Sydsvenskan, https://www.sydsvenskan.se/2004-06-22/sangen-sanker-stresshormonerna.

Theorell, T., 2016, "Körsång ändrar kroppens kemi", Forskning & Framsteg issue 9, https://fof.se/tidning/2016/9/artikel/korsang-andrar-kroppens-kemi.

Tjänstemän om stress och press i arbetslivet, 2018, Novus survey carried out on behalf of the Unionen trade union, https://www.unionen.se/filer/rapport/rapport-tjans-teman-om-stress-och-press-i-arbetslivet.

Tornvall, P., Collste, O., Ehrenborg, E. & Järnbert-Petterson, H., 2016, "A case-control study of risk markers and mortality in takotsubo stress cardiomyopathy", Journal of American College of Cardiology 67(16): 1931–1936.

University of Haifa, 2017, "The blue light emitted by screens damages our sleep", https://www.haifa.ac.il/index.php/en/2012-12-16-11-30-12/new-media/2528-the-blue-light-emitted-by-screens-damages-our-sleep.html.

Vickhoff, B., Malmgren, H., Aström, R., Nyberg, G.F., Ekström, S.R., Engwall, M., Snygg, J., Nilsson, M. & Jörnsten, R., 2013, "Music structure determines heart rate variability of singers", Frontiers in Psychology 4(334): 1–16, https://www.frontiersin.org/articles/10.3389/fpsyg.2013.00334/full.

Zhang, C., Mayer, D. & Hwang, E., 2018, "More is less: Learning but not relaxing buffers deviance under job stressors", Journal of Applied Psychology 103(2): 123–136.

采访

我们向所有允许我们为本书进行个人采访的人表达最诚挚的谢意。

首先，我们要感谢那些从严重缺乏自愈的状态中恢复过来并分享经验的人。

接下来，我们要对那些在压力和恢复领域分享他们专业知识的人表示感谢：

艾伦·恩格瓦尔：助产师、医学瑜伽教练和治疗师。

伊娃·埃斯马克：当地一家诊所的全科医生。

桑德拉·希尔特：私人教练、预防保健顾问、放松与压力教育者。

戈兰·凯克伦德：瑞典斯德哥尔摩大学压力研究所教授。

斯文·奥德林：当地一家诊所的全科医生。

博迪尔·温伯格：临床心理学家兼作家。

乔恩·戈登“积极改变”半小时成长系列

励志书3.0版 商业寓言、温暖治愈；激发能量、提升团队

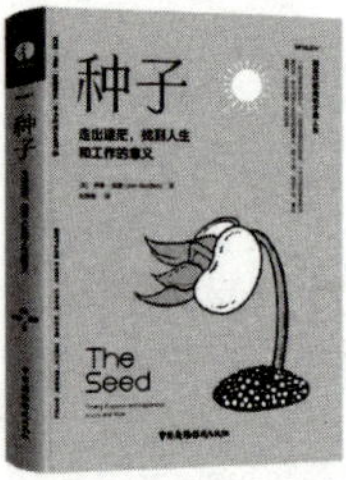

有意识的成长才是人生

- 如果你正处于人生迷茫、职场内卷、人际关系紧张、挫折痛苦
- 如果你的团队员工抱怨、业绩下降、外部压力增大、缺乏信心
- 那么建议你读读这套书，积极改变，心态变了你的世界就大了！

ISBN：978-7-5043-8680-9
定 价：59.00元

共同成长是人际关系长青的纽带

ISBN：978-7-5043-8666-3
定 价：59.00元

人的内心不种鲜花就长杂草

ISBN：978-7-5043-8662-5
定 价：59.00元

放任环境让自己变糟，不如创造和转化环境

ISBN：978-7-5043-8664-9
定 价：49.00元

全面赋能，以应对这个不确定的时代

ISBN：978-7-5043-8663-2
定 价：49.00元

要获得真正的成功，你必须去帮助他人

ISBN：978-7-5043-8661-8
定 价：59.00元

勤奋、专业、奉献和爱是伟大领导者资质

ISBN：978-7-5043-8668-7
定 价：59.00元

扫码购书